文通天下

突 破 认 知 的 边 界

毛明果 —— 著

谋略

实现人生逆袭的
历史智慧

光明日报出版社

图书在版编目（CIP）数据

谋略：实现人生逆袭的历史智慧 / 毛明果著.
北京：光明日报出版社，2025.4. -- ISBN 978-7-5194-8570-2

Ⅰ. B821-49

中国国家版本馆CIP数据核字第2025QH6627号

谋略：实现人生逆袭的历史智慧

MOULÜE: SHIXIAN RENSHENG NIXI DE LISHI ZHIHUI

著　　者：毛明果			
责任编辑：徐　蔚		责任校对：孙　展	
特约编辑：王　猛		责任印制：曹　净	
封面设计：李果果			

出版发行　光明日报出版社

地　　址　北京市西城区永安路 106 号，100050

电　　话　010-63169890（咨询），010-63131930（邮购）

传　　真　010-63131930

网　　址　http://book.gmw.cn

E – mail　gmrbcbs@gmw.cn

法律顾问　北京市兰台律师事务所龚柳方律师

印　　刷　河北文扬印刷有限公司

装　　订　河北文扬印刷有限公司

本书如有破损、缺页、装订错误，请与本社联系调换，电话：010-63131930

开　　本：170mm×240mm　　　　　　　印　　张：17

字　　数：191 千字

版　　次：2025 年 4 月第 1 版

印　　次：2025 年 4 月第 1 次印刷

书　　号：ISBN 978-7-5194-8570-2

定　　价：58.00 元

目录

在历史的长河中，智慧的光芒熠熠生辉，无数智者的谋略与决策如同璀璨的星辰，照亮了人类文明的夜空。治国谋略如《贞观政要》，打仗谋略如《孙子兵法》，处世谋略如《增广贤文》《菜根谭》。善用谋略，以柔克刚、以智取胜、以巧见长，足以成就一番事业；不善谋略，凡事以拙力抗衡，不仅会弄巧成拙，还会贻笑大方。

历史是一面镜子，映照出人性的光辉与阴暗，也记录了无数智者如何在复杂多变的环境中，运用谋略与智慧，化险为夷，转败为胜。从春秋战国的合纵连横，到三国时期的赤壁之战；从唐朝的"贞观之治"，到清朝的"康乾盛世"……每一个辉煌的时代背后，都离不开那些深谙谋略之道的领袖与智者。他们或运筹帷幄之中，决胜千里之外；或洞察人心，以情动人；或借力打力，四两拨千斤。这些智慧与策略，不仅在当时发挥了巨大作用，更跨越时空，成为我们今天学习与借鉴的宝贵财富。

谋略固然精妙，但什么该谋、什么不该谋，什么时候该谋、什么时候不该谋，是谋得一时成功还是谋成千秋事业，谋略不同，影响大不相同。《谋略》一书，便是对这些历史智慧的一次深入挖掘与现代诠释。本书以历史事实为基础，结合当代的价值观，旨在探索那些经久不衰的人生逆袭之道，为读者提供一份走出逆境、实现自我价值的指南。通过利他、格局、绸缪、决策、攻心、捭阖、出奇、谋势、驭人、非对称十个篇章，深入探讨了个人如何在复杂的社会环境中运用策略和智慧，实现自我价值的增长和社会地位的提升。书中不仅回顾了古代智者的策略和行动，还将其与现代社会的实际相结合，提供了一系列的指导原则和行动方案。

比如"利他"这一古老而又常新的话题。利他，并非简单的自我牺牲，而是一种深远的互惠互利。在现代社会，利他思想依然具有深远的意义，只有当我们将个人的发展与他人、社会，乃至全人类的福祉相结合时，才能够实现真正意义上的成功与价值。

人的胸怀与视野对于个人发展也异常重要。一个拥有大格局的人，能够在变幻莫测的局势中保持坚定与从容，能够在逆境中发现机遇，在挑战中寻求突破。正如唐太宗李世民的治国理念，他的宽厚与包容，不仅赢得了人心，更为国家的长治久安奠定了基础。

居安思危，时刻准备应对可能出现的危机与挑战，是智者成事的关键。洞察危机，防患于未然；抢占先机，快人一步；调整策略，对症下药。这些智慧不仅适用于古代战场与朝堂，更在当今社会的各个领域发挥着重要作用。无论是企业经营、个人发展还是国家治理，都需要我们具备前瞻性的眼光与灵活的应变能力。

在追求成功的道路上，不仅需要智慧与策略的支持，更需要诚信与德行的指引；在面对挑战与困境时，不仅要勇于担当、积极应对，更要善于反思、不断进步。只有这样，我们才能在复杂多变的环境中保持清醒与理智，以更加坚定的步伐迈向更加辉煌的未来。

本书不仅是对历史智慧的一次回顾，更是对当代社会的一种深刻反思。在快速变化的现代社会，我们每个人都是自己命运的主宰，都是自己人生的谋士。愿本书能够成为您在人生旅途中的一盏明灯，照亮您前行的道路，为您实现自我超越、成就非凡人生提供有价值的借鉴和参考。

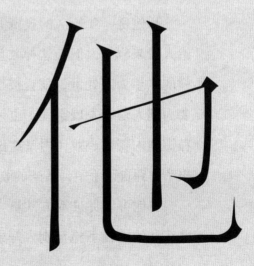

利他

世 界 上 最 大 的 阳 谋

1. 利他则久，深谋远虑以利己

　　利己是人与生俱来的本能，利己可以让自己在世界上生存下去。但是，在这个群体生活的社会，只靠自己一个人是不行的，也要借助别人的力量。这时候人们往往会发现，利他才能利己，而人与人之间只有互帮互助才能长久发展。

　　利他是一项长久的投资。只考虑眼前的小便宜，虽然会给人带来收益，但是这种收益是短暂的，如果一直都是以这样的思想为人处世，就会被人指责贪婪小气，所以做人一定要为别人留有发展空间。也许投资给别人的金钱和精力不会在短期内获得成效，但是这份付出会在未来以更大的投资回报率回到自己手中，带来的收益也是长期、久远的。

　　利他可以促进双方共赢。通常来说，利他是在能保障自己获利的前提下施与别人好处，但有的人认为，这样做自己就完全成了施与方，别人成了获利方，其实这种思想是错误的，利他的同时，我们其实也在利己：一位商人售卖商品时做了很多促销活动。表面看来，虽然这位商人花了很多成本，但其实这些成本也为商铺换来了更多的顾客、更好的口碑，这样不仅顾客省了钱，商人也获得了长期的回报。

　　战国时期，有位大商人吕不韦到赵国的邯郸做生意，路上遇到了一位气度不凡的年轻人。吕不韦向周围的人打听此人的背景，才知道这是秦昭王的孙子，太子安国君的儿子，名叫异人，被送来赵国当人质。

　　当时的赵国和秦国正在打仗，赵国有意苛待异人，甚至在冬天，异人连御寒的衣服都没有。吕不韦听说后，立马意识到这是个投资的机会，他回家询问了自己的父亲："种地能获得多少利？"他父亲告诉他："十倍。"他又问："商贩能获得多少利？"他父亲回答："百倍。"他又问："那如果把一个手无缚鸡之力的人扶持成国君，让他掌管天下，又能获得多少利？"他父亲说："这就无法计算了。"

　　吕不韦听了父亲的话后，心中就有了想法，他拿出了一大笔钱，买通了赵国的官员，见到了异人，他对异人说："我给你想办法让你回到秦国，成为天下的国君，你意下如何？"异人听后非常欣喜，连忙道谢。吕不韦回去后，用重金贿赂了安国君的亲信，让安国君把异人赎了回去，又花重金让华阳夫人收异人为嗣子。秦昭王死后，安国君继位，立异人为太子。不久后安国君也去世了，异人继位，史称庄襄王。在他成王后，吕不韦被拜为丞相，封文信侯。庄襄王死后，太子政继位，太子政就是后来的秦始皇，他称吕不韦为仲父，他继位后，吕不韦成为一人之下、万人之上的大臣。

正是因为吕不韦考虑长远，敢于去做这么一项看似没有收益的投资，才成为后来权倾天下的仲父，他的做法正是"利他则久"这种哲学思想的体现。吕不韦正是因为有敏锐的嗅觉，从身边人、身边事中"嗅"到了"商机"，才能够抓住机会施展自己的才能，从这则典故中我们可以看出：利他体现在生活中的大小事上。身为普通人，我们只有从日常生活中的小事开始利他，逐渐将利他变成自己的习惯，才能在人生的大事中利他又利己，所谓"不积跬步，无以至千里；不积小流，无以成江海"就是这个道理。

刘伯温，元朝时期的一名朝廷官员。彼时朝廷腐败，民不聊生，一天一换的各种苛政让老百姓的日子越来越不好过。刘伯温对朝廷大感失望，但他不敢表现出来，只能私下抒发自己的情感，希望能够遇到有志之士，和他一起改变国家的境遇，而就在刘伯温准备辞官还乡的时候，朱元璋出现了。他的出现正中刘伯温的下怀，让刘伯温看到了能让老百姓过好日子的希望。

此时的朱元璋已经有了自己的一支军队，刘伯温之所以将民众的希望寄予在他身上，是因为发现朱元璋很有帝王气质。朱元璋虽然身为一个粗人，但是他拥有很强的战略意识，在许多方面也会从长远角度考虑；虽然没有多少学问，但为人耿直、骁勇善战，组建军队没多久，就带领着自己的军队打了许多次胜仗。刘伯温认为，这样的人以后肯定能够大有作为，这也是众人愿意跟随朱元璋的原因。在刘伯温认可朱元璋的时候，朱元璋也在认可他，能够让富有智慧的人成为自己的追随者，没有什么比这更好的了。

于是，刘伯温就开始追随朱元璋，他为朱元璋献了许多计谋，帮助他一次又一次获胜，终于，朱元璋建立了明朝，坐上了皇帝的宝座。在当上皇帝后，朱元璋想让刘伯温做丞相，但刘伯温此时也发现了朱元璋的缺点——他是一个善变的人，继续跟随他有很大的风险。于是，刘伯温就告老还乡，归隐山林了。

正是因为有长远的目光，刘伯温才能够发挥自己的长处，完成自己的理想，功成身退。这则故事告诉我们，在必要的时候利他以谋求发展，危险的时候抽身以功成身退，是非常重要的处世智慧。只有将眼前的利益抛开去看事物的本质，才能够让当前的选择更加明智。

一个人如果太自私，虽然短期内可能带来个人利益的最大化，但长期来看，往往因忽视与他人的关系和自身的长远发展而陷入孤立和困境。相反，利他思维以他人和整体的利益为出发点，注重长期共赢，更能够赢得他人的信任和尊重，从而建立良好的人际关系，为个人职业发展铺平道路。

2. 对立统一，顾全大局才能共赢

从古时起，人们就深谙对立统一、合作共赢的道理，汉朝崔骃有言："单丝不成线，独木不成林。"意思是说，一根丝不能捆成线，一棵树不能成为森林。这句话深刻揭示了团队合作的重要性，在某些时候为别人追求利益，才能获得整体的发展，只考虑个人的发展，终究是干不了大事的。

顾全大局是放下个人恩怨。俗话说得好，有放下才能有拿起，放下个人恩怨，寻求双方互利共赢的道路，不仅有利于整体的发展，也可以让自己的道路越走越宽。老子有言："夫唯不争，故天下莫能与之争。"只要自己不争夺眼前的小利益，不把小事、长短放在心上，天下就没有人能够和自己相争，所以，宽恕别人也是宽恕自己，成全别人也是成全自己。

顾全大局是互惠共赢的渠道。要知道，一根筷子容易折，一把筷子不易折，想要自己不被折断，关键时刻就得寻求他人的协作，就要和别人一起变成"一把筷子"，增强己方的"防御力"，提高己方的"抗压性"，让彼此成为对方的挡箭牌，量变引起质变。只有寻求合作、互帮互助，这样的量变越来越多，才能引起互惠共赢这样的质变。

春秋时期，齐国有两位能人志士，一位叫鲍叔牙，另一位叫管仲，两人是挚友。齐襄公时期，两人分别是公子小白和公子纠的师傅。

齐襄公十二年（前686），齐国发生动乱，公孙无知杀死了齐襄公，自立为君，一年之后，公孙无知也被杀害，齐国一时无君。此时，公子纠和公子小白都在逃亡路上，听说了这个消息，立马返回齐国争夺君位。管仲为了能让公子纠当上君王，埋伏在公子小白回国的中途，想要用箭射杀公子小白，但是没想到箭被公子小白衣服上的带钩挡住了。公子小白见势装死躲过了追杀，在鲍叔牙的帮助下提前回到齐国登上了王位，史称齐桓公。

齐桓公一上位，就设法杀死了公子纠，同时也想杀死一直辅佐公子纠，甚至在自己回国路上想设法杀死自己的管仲。鲍叔牙见状，极力阻止，他告诉齐桓公，管仲是天下的奇才，如果杀死了非常可惜，这样的能人，与其杀死他，不如让他为自己所用。他希望齐桓公能够放下恩怨，重用管仲，让他在齐国发挥自己的长处。

齐桓公听取了鲍叔牙的话，将管仲留了下来。管仲受到重用，逐渐发挥出自己的优势，不久便被拜为丞相，主持政事，此后齐国的发展也越发好了起来。

人生如下棋，走对一步，对整盘棋来说都受益无穷。对于齐桓公而言，杀死管仲只在自己的一念之间，但就是因为他选择了任用管仲为相，齐国才如他预想那般发展得越来越壮大。历史也表明，齐国在后来能够开疆扩土，在很大程度上受益于管仲的决策。齐桓公这一决定，不仅放下了个人恩怨，实现了互惠共赢，也成为齐国后期发展壮大的一个关键性因素。

齐桓公为了国家发展选择与管仲合作，管仲为了自身生存选择与齐桓公合作，两人的目标是不一样的，所以能达成很好的合作关系。那么，在与人争夺同一个目标时，是否也能形成良好的合作关系呢？

战国时期，秦国凭借着商鞅变法积累的雄厚国力，野心勃勃，将称霸天下的目光投向了东方各国。秦军如虎狼之师，兵锋所指，各国震动，给东方诸国带来了巨大威胁。

孟尝君田文，身为齐国的贵族，府邸中门客云集，各逞其能。他平日就密切关注着秦国的动向，敏锐察觉到秦国的扩张意图，深知齐国虽强，但面对秦国的凌厉攻势，独木难支。他内心焦急万分，在府邸中踱步沉思许久，最终下定决心寻求与韩国、魏国的合作，以共御强秦。

合纵抗秦的行动就此展开。孟尝君凭借着多年在各国周旋积累的政治经验，以及他在各国权贵间的广泛人脉，日夜奔走。公元前298年，他促成了齐、韩、魏三国合纵攻秦，即函谷关之战。这次战役持续了三年之久，最终三国联军攻入函谷关内，迫使秦国承认战败，退还此前占领的魏国河外、封陵和韩国的武隧等地区并缔结了合约。

时光流转，到了公元前247年，信陵君魏无忌也发起了合纵抗秦，河外之战爆发。信陵君在魏国以礼贤下士著称，四方贤才纷纷投奔。此次合纵，参与的国家为魏、赵、韩、楚、燕五国。战前，信陵君积极训练魏军，他亲自巡视军营，鼓舞士兵士气，对军队的训练和装备进行严格检查，还与门客们日夜商讨战术。

战场上，秦军来势汹汹，其精锐部队摆出凌厉的战阵。信陵君站在高处，冷静地观察着战场局势，根据秦军的阵型迅速做出判断，指挥魏军灵活应对。他派出一支精锐骑兵，从侧翼突袭秦军，打乱了秦军的进攻节奏。五国联军协同作战，经过数日激战，信陵君巧妙的指挥终于奏效，秦军渐渐不敌，阵脚大乱，最终被联军成功击败。

孟尝君发起的合纵抗秦，以及信陵君领导的合纵抗秦，在不同时期彰显了诸侯联合抗秦的力量，在一定程度上延缓了秦国统一六国的进程，成为战国时期的佳话。他们的行动体现了在国家危亡之际，有识之士能够为了国家利益挺身而出，展现出非凡的担当与勇气。

智者擅于将当前的不利局势转换成有利局势，而转换成有利局势最简单的方法，就是将敌人变成朋友，只有寻求合作，提高防御，才能啃下难啃的骨头，翻过难越的天堑。而利益就像是一块蛋糕，人都有私心，想将蛋糕独吞，这是人之常情。但是水满则溢，一个人吃一整个蛋糕，一不小心就会撑破肚子。现实社会中没有那么多机会与运气，一个蛋糕总是需要多个人来分，与其等到最后和别人争得面红耳赤，不如从一开始就与别人达成合作，这样至少能保证大家在最后都能吃到蛋糕，而不是让蛋糕在不断地争夺中逐渐变质发臭。

3. 不舍不得，小舍小得，大舍大得

《吕氏春秋》有言"利不可两""不去小利，则大利不得"，意思是说，大利益与小利益，两者不可得兼，如果舍弃不了当前的小利益，就无法获得长远的大利益。

有舍才有得，舍是得的前提。目光短浅的人只会注意到眼前的机会，不会考虑未来的发展，而智者却会从长远出发，再考虑眼前的机会到底要不要去争取。如果当前获得的机会、利益不利于自己未来的发展，那么争夺这个机会就是多此一举，甚至最后可能会给自己惹上一身麻烦。所以，适当时候也应该学会放弃。

"舍得"可以换来大我的发展。一个人的进步也许无法推动整体的进步，但整体的进步一定会促进个人的进步，有时候，只有整体发展起来了，个人才能发展得更好，所以，在

面对整体的利益时，适当地舍弃自己的利益是有必要的。正所谓"生，亦我所欲也；义，亦我所欲也。二者不可得兼，舍生而取义者也"，大义的成功，最终会推动自己走向成功。

　　春秋时期，鲁国战败于齐国，按照当时的惯例，鲁国必须赔钱割地，双方主公也需要执牛耳歃血为盟，而就在齐国主公齐桓公执牛耳时，意外却发生了。

　　当时，鲁庄公身旁站着败将曹沫，曹沫看着齐桓公执牛耳，竟觉得羞愧难当，拿起佩剑就准备刺杀齐桓公，而齐桓公身旁的人都没来得及准备，曹沫轻而易举就将剑抵在了齐桓公的脖子上。齐桓公先是吓了一跳，但随即冷静下来，他知道曹沫不敢杀他，周围全是齐国的人，如果曹沫杀了他，自己也活不了。于是，他询问曹沫为什么突然要刺杀他，没想到曹沫却说："齐国欺压周围国家已经不是一天两天了，现在鲁国的边境距离京都只有五十里地，我身为败将辱国辱民，今日最坏的结果就是一死罢了。"

　　齐桓公立马就反应了过来：曹沫这是打了败仗丢了脸面，不想割让城池。他再一想，几座城而已，无关紧要，于是同意将之前三次战争中齐国抢占的城池还回去。然而，齐国的大臣却不干了，认为鲁国既然要赖，那我们为什么不要赖？这时候，管仲说："主公您是要掌管天下的人，是不能言而无信的。"齐桓公一想，天下的霸主最看重的是人心，如果因为这件事丢了人心，得不偿失，于是就听了管仲的话，将城池还给了鲁国。这件事传开后，大家都听说齐桓公言而有信，彼此之间也不敢背信弃义了，从此各个国家之间的关系得到了改善。

因为齐桓公有了归还城池这种"舍"，所以才有了天下太平这种"得"，如果齐桓公没有将城池还给鲁国，就不会出现大国之间坦诚相待、言而有信的景况。归还城池是非必要的，于情于理，齐桓公都可以选择不归还鲁国的城池，将其收为己有，但是这样的话，也许齐鲁之间又会爆发恶战，两国关系会进一步恶化。所以，有时候个人适当的一些小舍，会换来整体全局的大得。

舍得也并不一定要大舍大得，身为普通人，我们更多时候面临的是小舍小得。小舍小得藏在生活的方方面面中，善于用小舍小得的思想去看待问题，问题就会明朗许多；将小舍小得运用到实际，人就会豁达许多。所谓"近朱者赤，近墨者黑"，如果自己从小事中就懂得如何运用小舍小得的道理，和自己在一起的人也会耳濡目染，成为同样的智者。所以，小舍小得看似轻如鸿毛，积少成多就会重于泰山，在日常生活中，我们一定要了解舍得的重要性。

康熙年间，有一位叫张英的人在京城做官。有一天，他收到了一封家书。按照常理，在那个交通不发达的年代，收到家书是一件非常让人激动的事情，可是家书里面的内容却让张英哭笑不得。

原来，张英在安徽的家人和邻居之间发生了一些冲突，原因是邻居吴家准备盖新房子，非说两家相邻的那堵墙是自己家的，要把它拆掉，但张家也认为那堵墙是自己家的，不让吴家拆。两家因为围墙吵得不可开交，甚至告到了县衙那里。

由于两家都是名门望族，县衙不敢随意断案，事情一拖再拖。为了给县衙施压，张家人就给张英写了一封家书，希望他能托人打点，而张英见到家书后也很无奈，回到书房立马提笔作诗，写了一首："千里修书只为墙，让他三尺又何妨。长城万里今犹在，不见当年秦始皇。"这首诗被寄回家里后，张家人幡然悔悟，放弃了与吴家人的争执，并且主动让出三尺地，看到张家人的举动，吴家人深感敬佩，也让出了三尺地。从此，两家邻里和睦，再也没发生过争吵，这条让出来的小巷后被称作"六尺巷"。

著名的六尺巷故事，旨在告诉我们：与人争夺不如与人和解。换作平常人，如果自己的家人和别人发生冲突，多半会想方设法为自己的家人争夺利益，但是张英从客观的角度出发，找到了既有利于解决当下困境又有利于邻里和睦相处的方法。这是谋略的体现，善于谋略的人，不会只注重眼前的得失。

其实对于每个人来说，舍弃都是一件很难的事情，欲望是人的本能，人们总是希望自己能得到更多好处，希望当下拥有的不会再改变，没有的也会在以后收入囊中，也正是因为这样，才有了"吃着碗里的看着锅里的"这种说法。但正如古人所说："人人好公，则天下太平；人人营私，则天下大乱。"身处在大环境下，舍不得放弃所拥有的东西，终会被时代的轨迹淹没，所以，有舍才有得，舍不得当前的利益，就换不来以后的利益。

4. 忠言逆耳，字字箴言以纳友

陈寿有言："夫良药苦口，惟疾者能甘之；忠言逆耳，惟达者能受之。"意思是说，好药喝起来是苦的，只有生病的人喝起来才是甜的；忠言听起来是逆耳的，只有通达的人听起来才会觉得受用。有时候，顺应别人的行为并不一定是在帮他，如果只说好听的话，在当时听来是利他，但从长远看来却是在害他，久而久之自己也会因为假心假意而遭到厌弃。所以，忠言逆耳作为一种谋略，只有将它运用好了，才能够在长远上利他，进而有利于自己。

忠言逆耳是对他人的负责。一个人只有真正关心另一个人，才会从生活中找出另一个人的不足，提醒他做出改变。假如一个人做错了事，想帮助他的人会告诉他该怎么办，会指出他哪里做得不对，但想害他的人、阿谀奉承的人会将过错推给别人，让当事人有事不关己的错觉。把错推给别人，虽然这样做能够让当事人觉得舒坦，但不利于当事人的发展，久而久之，当事人就会知道谁是在帮他，谁是在害他，当他意识到这一点时，就会将阿谀奉承的人推出他的社交圈。所以，讲真话进忠言非常重要，只有始终如一、一以贯之，路才能越走越宽。

魏徵是唐太宗时期的谏议大夫，在他任职期间，他一共向唐太宗谏言200多次，是历史上有名的忠臣。他的谏言对唐朝的政治环境和社会稳定产生了积极影响。

可有一次，魏徵在朝堂之上当众反驳唐太宗，让唐太宗在众人面前下不来台，觉得丢了皇家的脸面。唐太宗退朝后很生气，跑到长孙皇后那里，跟她说自己迟早有一天会杀了魏徵，皇后大惊，连忙问为什么。唐太宗就一五一十将朝堂上魏徵让自己下不来台的事情告诉了皇后，皇后听后不仅没有恼怒，反而还大喜，说："这是一件好事，魏徵敢在朝堂上让皇帝下不来台，说明这个皇帝是一个明君，能够明辨是非，不会随意杀人，皇上得了这种忠臣，应该好好重用，而不是处死。"

唐太宗听后也认为有道理，对魏徵更加敬重，在此后的数年里，魏徵频频谏言，指出唐太宗的不足，多次将国家拉回正轨。他死后，唐太宗命令朝中九品以上的官员都前去吊唁，亲自为魏徵撰写碑文，以表达缅怀和尊重，在吊唁时，还对身边的大臣说："人以铜为镜，可以正衣冠；以古为镜，可以见兴替；以人为镜，可以知得失。魏徵没，朕亡一镜矣！"

正如长孙皇后所言，魏徵正是知道唐太宗是一代明君，所以才敢于谏言。如果魏徵在朝堂之上处处谦让皇帝，不指出皇帝的错误，不挑出事情背后的矛盾，他就不会成为如今人们口中的忠臣。正是因为魏徵知道怎样做才是真正的利他，所以才冒着顶撞皇帝的风险，宁愿被怨恨也要说出真实的情况来。

公元前207年，刘邦成功攻占秦国的首都咸阳，在进入咸阳后，他率领军队前往秦国的宫殿。

秦国的宫殿富丽堂皇，刘邦一进宫殿，就见到了数不清的珠宝，让他目不暇接。每路过一个地方，都有侍女向他跪拜，刘邦不由得看呆了，当即想在宫殿里先享受一番。

樊哙见状，顿感不妙，连忙问刘邦："沛公是想当天下的霸主还是这个宫殿的霸主？"刘邦说："肯定是天下的霸主啊！"樊哙又说："我自从进入秦宫，就见到了数不清的财宝和美人，这种世外桃源的地方当然好，但是，也正是这些东西让秦国走向了灭亡之路，我希望沛公能够尽快返回霸上，继续完成统一天下的伟业。"刘邦对此不以为意，秦国的战败让他对霸主的位置胜券在握，还是准备继续留在秦宫享乐。樊哙没有办法，只能去找张良，希望他能够劝劝刘邦。

张良来到刘邦面前，对刘邦说："秦国灭亡是因为秦王统治无道，导致百姓纷纷起义造反，奢靡无度正是当今百姓最厌烦的，所以您引兵攻秦正是符合了百姓的意愿，您所做的一切是在为百姓除害，可如果百姓看见您在秦宫里贪图享乐，这又算什么呢？俗话说：'忠诚的话会让人听起来不舒服，但就是这种话能够规范人的行为；好的药虽然很苦，可是却能够治病。'希望您能够听樊哙的忠告，赶快返回霸上。"刘邦听后，大彻大悟，立马召集军队返回了霸上。

从这则故事中我们可以看出，正是因为樊哙敢于直言，指出刘邦的错误，才避免了刘邦因为贪图享乐而失去天下这一最坏的结果。樊哙这一行为不仅帮助刘邦规避了可能出现的风险，也让自己在刘邦心中的地位大幅上升，所以，进谏忠言才是真正的利他。

值得注意的是，在日常生活中，我们并不是对谁都要进谏忠言。要知道，人们总是喜欢听好话，有时候说忠言，我们不但不会被当成"活雷锋"，反而会被认为是不仗义、多管闲事，这个时候我们就要谨慎一点，以免因为说出口的话而被人记恨，而避免被记恨最有效的方法就是远离小人。正如陈寿所说，只有通达的人能够听进去谏言。如果我们所遇之人都是小人，那么忠言也只会被当成恶言，面对这种情况时，我们就要及时止损；但若是遇到通达之人，我们的忠言在对方听来不仅不会刺耳，反而会让对方敬重我们。基于这种情况，我们就要多和通达的人打交道，以便在对方心中树立威信，进一步促进自己的发展。

5. 主动付出，善于提供，度人才能度己

　　中国古代哲学中，就有"我为人人，人人为我"的思想，意思是说，只有在自己考虑别人时，别人才会在日后也考虑到自己。这种思想冲破了世俗的观念，在世俗看来，不少人都是考虑自己的，真正的世界里有着自私自利，考虑别人、能够主动为他人提供帮助的人并不是全部。然而，事实恰好相反，越来越多的事例证明：善于付出才能获得回报。

　　付出并不意味着舍弃，也不意味着放弃，付出是指在不损害自己利益的前提下，向他人提供帮助，是将自己已经拥有的奉献给别人。有时候，人们面临事不关己的事情时，总会将自己置身于事外，认为事不关己，火就烧不到自己头上。但实际上，意外可能比明天先到来，也许上一秒还是别人的事情，下一秒就落到了我们自己头上，所以，在经历某些事

情时，一定要学会从他人角度出发，从整体观看具体，必要时候提供帮助和救援，以让事情向好的方向发展。

战国时期，魏国一跃成为天下霸主，连年发起战争，横扫周边国家，让周边国家苦不堪言。当时魏国为了扩大疆土，想从周边实力最弱的国家入手，而赵国在周边几个国家中实力最弱，魏国敲定计划，决定攻打赵国。

此时赵国实力没有魏国雄厚，眼看魏国的军队就要攻入邯郸，为了挽救危局，赵国的国君就向魏国东边的大国齐国求助，希望齐国能够派兵支援赵国，救赵于水火之中。

齐国国君齐威王得知这个消息后，并未立即给出答复，而是在权衡利弊。如果魏国继续扩张，就会对齐国产生威胁，齐国当然不想让魏国赢得胜利，但怎样才能救赵国呢？齐威王想，何不等到双方互有损伤后，再乘虚而入攻打魏国？这样既能够削弱魏国实力，也能够救援赵国。于是，齐威王想好后就派人回信，让田忌、孙膑率领军队出发了。

快到魏国的时候，赵国紧急求助，田忌见状想要立马奔赴前线，但是被孙膑制止了。孙膑告诉他：想要解开一团毛线不能胡乱去扯，想要挽救危急的局势也不能莽撞进攻，既然魏国的精锐部队都前往了前线，我们何不攻打魏国首都大梁？这样前线的精锐部队就会回城防守，这样既挽救了赵国，又打压了魏国。

田忌听后觉得对，于是攻打了大梁，魏国军队果然回城了。为了重创魏国，齐国在半路埋伏，打响了桂陵之战。此战魏国战败，从此实力大减，天下霸主的地位摇摇欲坠。

围魏救赵的故事我们并不陌生，齐国救赵生动演绎了"付出"是什么：从微观来看，救赵有利于促进齐赵两国之间的关系，有利于制衡魏国；从宏观来看，救赵是为了稳定天下局势，如果魏国吞并了赵国，就没有哪个国家能够战胜魏国，魏国将成为天下真正的霸主，说不定下一个攻击目标就是齐国。所以不管从微观来看还是从宏观来看，救赵都是必要的。

如果说围魏救赵是为了稳定局势，那么窃符救赵不仅涵盖了这一点，也是君子高尚风格的体现。谁也没想到，在约一百年后，同样上演了一出救赵的情节，只不过这次救赵的变成了魏国，攻赵的变成了秦国。

公元前257年，秦赵两国发生战乱，秦国坑杀了赵国几十万军队，赵国处境岌岌可危。当时，赵国丞相平原君赵胜的妻子恰好就是魏国信陵君魏无忌的姐姐，于是赵国就向魏国不断写信，希望魏国能够前来支援。

魏国国君安釐王听说这件事后，立马让将军晋鄙派出军队前往邯郸，但是秦国不知道从哪儿得知了这个消息，在半路拦截了魏国的军队，秦王派人威胁安釐王，如果他敢支援赵国，自己就会在灭了赵国之后，把魏国当成首要目标。安釐王听后惊恐不已，立马派人前往阻止军队，让晋鄙把军队留在邺城安营待命。

失去魏国的支援后，赵国连连战败，就连送给魏无忌的信也开始急切起来，说错将真心付给了魏无忌。见到信，魏无忌也很急切，但是安釐王按兵不动，他也不好说什么，只能去寻求自己门客的帮助，当他找到关系要好的侯嬴时，本以为侯嬴会出面帮忙，没想到侯嬴一口回绝。魏无忌离开后，越想越不对劲，就折返回去问侯嬴为什么不帮忙，侯嬴说："晋鄙的兵符在魏王卧室里，依我看，不如将兵符偷出来，再去邺城领兵前往赵国。"魏无忌听后，找到安釐王最喜欢的妃子如姬，请求她将兵符偷出来。魏无忌曾对如姬有恩，如姬爽快答应了，果真将兵符带给了魏无忌，拿到兵符后，魏无忌前往邺城，率领着军队前往邯郸，将赵国解救了出来。

两则"救赵"的故事告诉我们：不管什么时候都不能将自己置身于事外。每个人都是世界的组成部分，牵一发而动全身，有一部分受到影响，其他部分也难免会受到冲击，古语有言："辅车相依，唇亡齿寒。"这句话旨在告诫人们，人与人之间是互相依赖的，就跟唇齿的关系一样，如果不相互帮助、相互合作，很难在社会上生存下去。

　　人是社会性动物，我们生活在社会上，就一定会面临别人陷入危机的情况。正所谓"众人拾柴火焰高"，人与人的关系正是这样，互帮互助才能造就更伟大的成果，"众人拾柴"才能燃起不灭的火焰。所以，我们一定要将自己看成社会中的一部分，要将别人的危机当作我们的危机，将别人的得失当作我们自己的得失，常怀警惕之心，常怀度人之心，帮助别人就是帮助自己。"赠人玫瑰，手有余香"，只有人人心存善念，自身才能向前进步，社会才能向前发展。

格

有 大 格 局 ， 方 有 大 作 为

局

1. 勇于担责，心怀天下才能拥有天下

一个人的格局决定了他的人生维度，站在高维度的人，思考问题也就会更全面，更有深度；站在低维度的人，思考问题就没有那么深入，往往浅尝辄止，只能看到事物表面所映射出来的东西。想要自身思维从低维度跨进高维度，就得打开自己的境界，从更广阔的角度去思考问题，而打开思维第一步需要做的，就是勇于担责，心怀天下。

勇于担责是实现个人人生价值的重要途径。人不能脱离群体而活，人一旦脱离群体，就像是生活在死水里的鱼，迟早会因为缺氧而失去生命，所以，依靠群体生活是每个人必要的生存条件，想要在群体中发展得更好，就不能只关注自己，也要关注群体赋予我们的职责。

成大事者，心怀天下。俗话说："一个人的思想决定一个

人的高度。"如果站在井底，那么永远都只能看见一片天空，只有跳出井底，才能看见万千世界。在同一个环境下，只有提前准备，不断发展自己、磨砺自己，才能够在机会到来之前比别人先抓住机会，搭上走出井底的便车。

伊尹是商朝的开国宰相，也是商朝杰出政治家和思想家。在商朝的开国皇帝成汤去世后，商朝一时没有国君，而成汤所立的太子叫太丁，不幸的是他在成汤去世之前就去世了。伊尹于是就让太丁的弟弟外丙上位，但外丙在即位三年后就死了；伊尹又让外丙的弟弟中壬上位，即位四年后中壬也死了；伊尹于是又立太丁的儿子太甲即位。

太甲即位之初，骄奢淫逸，丝毫不怜惜先帝们创下的伟绩，不仅不遵守先帝立下的规矩，还擅自打破身为帝王的职责，做出一些不符合帝王身份的举动。伊尹屡次劝说无果，太甲表面答应，背地里依旧做出格的事情，伊尹恼羞成怒，将他放逐到桐宫，让他在那里为先帝们服丧，并交予太甲一封书信，痛斥太甲的所作所为，说自己愧对先帝的嘱托。太甲在桐宫待了三年，痛改前非，认识到自己的错误，他给伊尹写了一封信，信上写道："既往背师保之训，弗克于厥初，尚赖匡救之德，图惟厥终。"以表明自己不忘初心，希望能够带领王朝走向繁荣的决心，伊尹看到后，将太甲接回来继续做王，太甲果然如信中所说，不再骄奢淫逸，开始积极治理国家。

过了几年，伊尹年事已高，不再适合待在朝廷，便告老还乡，临走时作《咸有一德》，表明了自己的初心和对商朝的祝愿，赞颂了太甲改过自新的行为与近几年对国家的励精图治，也希望太甲能在自己走后更加勤勉治国。伊尹死后，不少人称赞他，流芳千古。

"居庙堂之高则忧其民，处江湖之远则忧其君。"伊尹正是将天下的责任当作自己的责任，才能于平凡之中创造奇迹，于茫茫之中破开晓雾。他凭借着自己的一腔爱国之心、为国为民之心，从默默无闻的奴隶之子变成了开国功臣，伊尹的人生境界是崇高的，所以他才能走向高处，实现自己的人生价值。

心怀天下，意味着拥有更多的发展机会，贪图享乐的人总会自食恶果，眼睁睁看着别人走向成功。只有付出努力，从大局出发，才能跟上时代发展的步伐，走出自己的脚印。

西汉时期，有一位名叫兒宽的大臣，在少年时期，他曾是廷尉张汤府上的一位小吏。兒宽从小就志向远大、勤奋好学，当时，张汤府上的小吏都喜欢喝酒、打牌，但兒宽与其他府吏不同，他从不参与喝酒、玩牌等娱乐活动，而是利用业余时间埋头读书。

看见兒宽这么喜爱学习，府上有小吏挖苦他："你这么努力学，也是没有用的，不过是在抄抄写写，难道你指望麻雀能长成老鹰吗？"儿宽听后并不生气，他坚定地认为大丈夫应以天下为己任，真英雄应为万世开太平。其他府吏听后，纷纷嘲笑他，说他顽固，不懂变通，但仍有不死心的府吏拉他去喝酒，但不管怎么拉，儿宽就是不去。久而久之，府吏都觉得他没意思，开始疏远他。

没过几年，有一次，汉武帝对张汤的一个奏折非常不满意，张汤因此被吓得诚惶诚恐。回府后立马将奏折拿给文书，将他臭骂了一顿，此时儿宽站在身旁，恰好看见了奏折的内容，一看就指出了问题所在。文书见状，连忙好声好语，希望儿宽能够帮人帮到底，把奏折改改，儿宽没有推托，几笔就写好了。之后，张汤又将奏折拿给了汉武帝，没想到汉武帝对奏折大加赞赏，得知这是儿宽写的，立马召见了他，并且任命他为左内史，没过多久又升职为御史大夫。从此之后，儿宽彻底摆脱府吏的身份，实现了自己儿时的理想，成为朝堂重臣。

儿宽的事例向我们说明，无论如何都不要小瞧了自己的位置。身处底层，不代表没有接触高层的机会，所以不管身处什么位置，都应该眼观全局，耳听八方，以天下为己任，该出手时就出手，才有机会大展宏图，实现自己的抱负。

孟子有言："穷则独善其身，达则兼善天下。"只有将天下挂在心上的人，才能够站在天下的角度去看待问题，在当今社会，心怀天下并不是一句口号，而是一种实际行动，历史的各种事例都向我们说明：只会吃独食的人得到的好处往往比心怀天下的人得到的好处少。所以，我们应该从日常生活中的小事做起，在别人偷懒时，我们加倍努力；在别人堕落时，我们保持正心。只有这样，才能够排除万患，抵御万难。

2. 正视逆局，不被暂时的失败击倒

在人生的道路上，我们会遇见各种各样的逆局，但是，不是所有的逆局都指向不好的结果。逆局是一把双刃剑，面对困难并努力克服困难会让我们受益无穷。泰山崩于前而面不改色，正视一切逆局而始终成竹在胸，体现的正是一种大格局、大胸襟。

正视逆局，意味着我们拥有足够的毅力和勇气，不向任何挫折低头。"宝剑锋从磨砺出，梅花香自苦寒来。"人生不可能一帆风顺，在前进的道路上我们总会遇到困难和挫折，当我们遭遇逆局时，要敢于正视它，而不是逃避或抱怨，只有勇敢面对，我们才能找到解决问题的方法，才能将逆局转换成走向成功的垫脚石。尽管正视逆局的过程往往伴随痛苦，但是在其间，我们往往也会让自己变得更加强大。

正视逆局，意味着我们能够看见事物的本质。人们害怕的东西往往是自己无法战胜的，我们害怕逆局，是因为身处逆局，我们需要足够的勇气和力量去面对逆局中的各种磨难，而面对这些时，我们害怕自己不够强大、武器不够锋利，最终被逆局反噬。但想要解决问题，首先就得正视问题，这样才能发现困难、挑战的关键所在，对其进行强力反击。

春秋时期，吴王夫差因父亲阖闾被越王勾践所害，立志要报仇。经过两年的磨砺，他果然把勾践打得大败，彼时，勾践被围困在会稽山上，无路可退，准备自杀。然而，他的谋臣文种却劝他向吴国求和，他对勾践说："吴王好贪，如果能够利用吴王的贪欲，我们就能够东山再起。"于是，勾践通过贿赂吴国的大臣伯嚭，使吴王夫差放松了警惕，不久后，吴王就同意了越国的求和请求。

勾践在吴国伺候吴王期间，受到了极大的屈辱和磨难。吴王夫差为了羞辱他，让他住在破败的石屋里，干喂马、扫马粪等粗活。但勾践并未因此而气馁，反而将这些磨难视为激励自己前进的力量。他白天辛勤工作，晚上则枕着兵器、躺在稻草上睡觉，还时常舔舐挂在床头的苦胆，以提醒自己不忘国仇家恨。

在吴国的三年里，勾践不仅赢得了吴王夫差的信任，还逐渐积蓄了力量。他暗中与越国的大臣们保持联系，策划复仇大计。回国后，他继续发愤图强，一方面加强国家的军事力量，另一方面则注重民生，改善百姓的生活。他亲自下田耕作，与百姓同甘共苦，赢得了百姓的尊敬和爱戴。

经过十年的艰苦奋斗，越国逐渐强大起来。最终，在勾践的亲自率领下，越国军队一举击败了吴国军队，实现了复仇的梦想。吴王夫差在战败后感到羞愧难当，选择了自杀。而勾践则成为春秋时期的最后一位霸主，越国也乘胜进军中原，成为春秋末期的一大强国。

面对逆局，勾践不是选择自杀，而是相信了自己的谋士，选择殊死一搏，日后东山再起。他的故事向我们说明：不管身处多么糟糕的处境，即使是面对死亡，都不要放弃，只有不放弃才能够有胜利的机会。敌人很可怕，打败过自己的敌人更可怕，但正是因为勾践拥有不灭的信仰，才能够战胜曾经的敌人，战胜曾经埋藏在心底的阴影。

孙膑和庞涓都是鬼谷子的学生，两人师出同门，但孙膑的兵法和韬略都在庞涓之上。在两人是同门师兄弟时，两人关系十分要好。

后来，两人先后来到魏国，以求大展宏图。而孙膑在此时也发挥出了他的才能，他凭借三寸不烂之舌和杰出的战争谋略，不断升职。然而，孙膑的杰出才能却引起了庞涓的妒忌，庞涓想方设法陷害孙膑。最终，孙膑被魏王处以黥刑（在脸上刺字）和膑刑（剔掉膝盖骨）。这样残酷的刑罚让孙膑的双腿残废，但他并没有放弃反败为胜的希望。

在遭受膑刑后，孙膑被庞涓收留，但当他得知自己的惨况全是由庞涓陷害所致后，悲愤难抑，他实在想不到，他心中情同手足的兄弟会因为善妒，而将同门情谊抛诸脑后。但不多时，他就冷静下来，当时他的双腿已废，不能逃跑，只能通过智取的方式寻求机会。他决定装疯以迷惑庞涓，好伺机出逃。他烧掉已刻好的兵法，时而大哭，时而狂笑，胡言乱语，甚至睡猪圈、尝粪便，以此展示自己的疯狂。庞涓以为孙膑真的疯了，便打消了杀害他的念头，放松了警惕和监视。

在好心人的帮助下，孙膑成功逃出魏国，来到了齐国。齐威王对孙膑的才能非常器重，他的军事智慧和才能得到了淋漓尽致的发挥。后来，孙膑著成了《孙膑兵法》，成为中国古代著名的军事家之一。

两则故事向我们说明："天将降大任于是人也，必先苦其心志，劳其筋骨，饿其体肤，空乏其身……"只有勇敢面对困难，我们才能到达成功的彼岸。勾践正视了逆局，所以春秋才有了最后一个霸主；孙膑正视了逆局，所以才成了武成王庙六十四将之一。我们要相信，每一次逆局都是成长的机会，在正视逆局中的每一次超越，我们都将更好地实现自我。

身处现代社会，我们所经历的逆局往往不会威胁到生命，社会的大环境让我们所能够遭遇到的困难大大减少，所以，在古人面对生死场都能放手一搏时，我们面对不及生死场的逆局更应该勇敢向前。伟人不是生下来就顶天立地，面对逆局，我们不能妄自菲薄，而要相信自己的能力，可以在失败时总结经验砥砺前行，但不能面对挫折就如同末日降临。把逆境当成灾难的人，会心怀恐惧与憎恶去逃避问题；把逆境当成考验的人，会充满激情与活力去解决问题。我们要时刻相信"祸兮福之所倚，福兮祸之所伏"。不是所有的困难都会带来苦难，不是所有的灾难都无法避免，只要有坚持不懈的恒心与毅力，所有的威胁都能够化成片羽。

3. 大格无形，保持初心方可控制风险

　　初心在最初的时候，往往朴素而又简洁，我们回望过去，初心往往就是离我们最近的那颗心。正如苏轼有言："万里归来颜愈少。微笑，笑时犹带岭梅香。"即使历尽千帆，归来仍是少年，初心不改，才能在面对困难时拥有不屈的精神和意志，才能够积极面对人生和挑战。

　　保持初心，是前进道路上的动力。初心，是我们内心深处的那份执着，它代表了我们对美好事物的向往和追求。一个人走向成功的道路总是十分漫长，少则几年，多则一生，在我们不断向前发展的道路上，会遇见各种各样的事情，在这个过程中，不断有人丢失自我，也不断有人前仆后继，而成功的人往往就是坚持下来的人。因此，我们在不断扩大自己格局的道路上，也应该坚持自我，保持初心，牢记最初的使命。

保持初心，方能守住成功。如果在达到成功后忘记了初心，结果往往会以失败收场。我们面对的困难不会在达到目标后就结束，往往达到想要的目标时，真正的困难才刚刚开始。成功会在来临的同时带给我们大量的好处与利益，能够保持初心的人，就不会被利益所蒙蔽，在取得成功后依旧能够风生水起；而不能够保持初心的人，则容易陷入利益的陷阱，被自己所创下的成功所反噬，最终声名狼藉，更有甚者失去生命，被万世唾弃。

诸葛亮，字孔明，三国时期蜀汉杰出的政治家、军事家、文学家和发明家。早年，诸葛亮隐居隆中，深谙兵法、天文、地理。彼时，他是天下知名的谋士，本想平平淡淡过完一生，但刘备三顾茅庐将他打动。从此，他便作为刘备的谋士兼老师，辅佐他一步步建立蜀汉。

刘备临终前，将自己的儿子和天下托付给诸葛亮，希望他能够辅佐刘禅将蜀汉建设得更好。诸葛亮不辱使命，在刘备去世后，他继续辅佐刘禅，在内政上励精图治，发展经济；外政上北伐中原，一篇《出师表》忠心可见，为恢复汉朝江山尽心竭力。尽管北伐的道路异常艰辛，诸葛亮仍然坚持率兵出征，矢志不渝，坚持完成答应刘备的任务。

除此之外，诸葛亮践行"鞠躬尽瘁，死而后已"，发明了木牛流马、孔明灯等物品以抵御外敌，并且改造当时军中所用的连弩，历史上称为"诸葛连弩"，来让己方在战场上更加有优势。他数次率兵出征，不仅超额完成了刘备的遗愿，还成为一名好老师，教会刘禅如何励精图治。在他死后，刘禅追谥其为忠武侯，后世常以武侯、诸葛武侯尊称诸葛亮，就连东晋政权也因其军事才能特追封他为武兴王。

诸葛亮时刻牢记自己的初心，即使在刘备去世后也尽心尽力辅佐刘禅，最终成为流传千古的一代名相。可以说，不忘初心就是诸葛亮不断发展前行的动力。正是因为他没忘掉曾经自己立下的誓言，没忘掉刘备临终前的嘱托，才能够一次又一次北伐。若是他忘记了自己的初心，也许在刘备死后，他就凭借着身份地位颐养天年，对蜀汉不管不顾了。

王莽是汉元帝皇后王政君的侄子，也是新朝的开国皇帝。王莽早年折节恭俭，勤奋博学，孝事老母，以德行著称。他在阳朔年间担任黄门郎，后迁为射声校尉，永始初年被封为新都侯，迁骑都尉、光禄大夫、侍中。绥和年间，他代王根为大司马，迎哀帝即位，后被迫告退，闭门自守。在元后临朝称制后，王莽出任大司马，封"安汉公"，总揽朝政，诛灭异己，广植党羽，获得了许多人的拥护。

孺子婴为帝时，社会矛盾空前激化，王莽几乎被所有人认为是拯救天下的不二人选，被看作"周公再世"，然而，王莽却以摄政名义据天子之位。公元9年，他废孺子婴，篡位称帝，改国号为"新"，建年号为"始建国"。他进行了托古改制，下令变法，如将全国土地改为"王田"，限制个人占有数量；奴婢改称"私属"，禁止买卖；恢复五等爵，经常改变官制和行政区划等。可是此类种种做法，都没能挽救新朝颓败的局面，在王莽统治末期，天下大乱，新莽地皇四年（23），更始军攻入长安，王莽死于乱军之中。

王莽的故事告诉我们：即使曾经多么令人敬佩，创下了多大的丰功伟绩，在成功过后忘记初心，最终都会一无所有。只有牢记初心带来的利益才是永恒的，想要维持现状，除了拥有过人的实力，也要拥有持之以恒的决心。百姓给王莽带去了太多呼声，以至于王莽得意忘形，在称王后不仅没从百姓的角度进行考虑，反而苛政严刑，给百姓的生活带去了更多痛苦，这也注定了他失败的结局。

所以，不仅是走向成功的道路上需要保持初心，成功之后更要保持初心。没成功时，风险是肉眼可见的，我们能够清楚地知道自己的行为会带来什么样的结果，但是走向成功后，风险藏在方方面面，我们肉眼能看到的微乎其微，真正的挑战往往会在最后出现，保持初心能够让我们更加清晰地知道当前的处境，规避未出现的风险，战胜即将到来的困难。

4. 厚德载物，宽宏大量获众望

　　一个人的气度体现出他的为人。气度大的人，为人往往宽厚仁慈，人们更加愿意接触这种人；气度小的人，做人睚眦必报、斤斤计较，人们往往对这种人敬而远之。俗话说："得人心者得天下。"想要得到人心，就需要待人宽厚，以诚相待，他人就会真诚对待自己。一个人只有厚德载物，以德服人，才能够迈出"得天下"的第一步。

　　厚德载物是对所有人的一视同仁，亦是一个人内心素养的体现。不管是面对长者还是小辈，都应该做到宽厚。如果只对老人讲究宽厚礼仪，对小辈无礼讽刺，那么就是伪君子，这种人不能真真正正得到所有人的信服。在需要帮助和支持的时候，往往只能得到一小部分人的帮助；只有对待所有人都一视同仁，采取同样的态度面对大家，才能够在面对困难时获得多方面的帮助。

厚德载物体现出一个人宽广的格局与高尚的情操。每个人在与人交往时都渴望得到对方的重视，只有情感需求在对方身上得到满足，才能够进一步促进两人之间的关系。而在这个过程中，为人仁厚，不仅能够让对方愿意与我们交流，也能在不知不觉中以德服人，让他人对我们产生敬畏。

唐太宗李世民，是唐朝的第二位皇帝，也是一位杰出的政治家、战略家、军事家、书法家、诗人。他是中国历史上有名的英明君主。

唐太宗十分仁厚，在他当政期间，流传出不少宽仁的故事。有一次，唐太宗御驾亲征高丽，中途有位士兵因为生病不能随军参战，唐太宗亲自慰问，并且让最好的医生去给他治疗。后来唐军不幸战败，损失了成千上万的士兵，唐太宗强忍丧失国土之痛回到京城。据传，他自己的战袍已经破破烂烂了，但还是厚葬了所有死去的士兵，让这些士兵的灵魂得以安息，并且拿出了一笔钱，为这些牺牲的战士建立了一座祠堂，以供后人缅怀。唐太宗此举让士兵们的家人得到了极大的宽慰。这件事过后，唐太宗虽然战败丢失了国土，却赢得了人心。

除此之外，贞观初年，唐太宗深感后宫女子深居幽宫之苦，下令将3000多名女子放出宫外，以获自由；在与大臣唐俭下棋的过程中，唐俭取得优势赢了棋局，这让唐太宗愤怒不已，但是唐太宗还是听从尉迟敬德的建议，没有将怒火发泄到唐俭身上；唐太宗关心百姓疾苦，在长安一带发生严重的蝗灾时，他亲自前往巡视灾情，并下令所有的皇亲国戚、朝廷官员缩减开销，减轻赋税，并命令各地打开粮仓救济灾民。

唐太宗用自己的一生证明了厚德载物、宽宏大量的重要性，正是因为他有着非凡的格局，才能够在不断面对烦恼时平息自己的怒火，能够以平常心面对众多困难。身为一个帝王，他丝毫没有帝王的架子，从对方的角度考虑众多问题，这让他赢得了人心，也获得了后世对他的认可。

事实证明，厚德载物、宽宏大量不仅能够使人独善其身，还能够在关键时刻让别人成为自己的助力，在面对困难时多一名得力干将。

春秋时期，一次，楚庄王打了胜仗，召集群臣在宫中开设宴席，楚庄王的宠妃许姬也在其中。但不巧的是，正在众人尽兴的时候，一阵大风吹来，蜡烛被吹灭。黑暗之中，有人扯住许姬的胳膊想要轻薄她，许姬连忙挣脱开，顺手拔下了那人的帽缨，来到楚庄王身旁告诉他说："有人想趁乱调戏我，我摘下了他的帽缨，等到灯亮起来的时候，请大王处置没有帽缨的人。"

楚庄王听罢，思索了一会儿，说："不行，今天我请大家来喝酒，酒后失礼是常有的事，不应该因为一点小事就破坏了今日喜庆的局面。"说完，楚庄王就对所有大臣说，"请大家摘下自己的帽缨，我们好好庆祝！"因而，所有人都摘下了自己的帽缨。

三年后，晋国侵略楚国，楚庄王御驾亲征，交战中，他发现一名将官老是冲在最前面，所向披靡，带动了所有将士冲锋陷阵。此次交战，晋军大败。事后，楚庄王召见了那名将官，询问他："寡人平时对你和对别人一样，也没有多出什么，你为什么这次打仗这么勇敢呢？"

那位将官听后感慨不已，说："三年前，我酒后失仪，本该被大王正法，但是大王却让所有人摘下帽缨以遮掩我的错误，我深深感动，誓死都要为大王效力！"

听到这里，楚庄王才明白是怎么回事，连忙将那位将官扶了起来，此时那名将官已是泣不成声。

对于楚庄王来说，宴席上原谅调戏自己爱妃的大臣只是一个小小的举动，如果他想，那名大臣自然免不了受处罚。对于那个大臣来说，但凡楚庄王追究，自己面对的就是生死大事，所以，楚庄王一个小小的举动就能够挽救一个犯下大错的人，正是因为楚庄王的宽宏大量，才有了后来冲锋陷阵的无名将官。

《道德经》有言："金玉满堂，莫之能守。富贵而骄，自遗其咎。"这句话意思是说，只有仁厚的人才能够享受福气，依靠自己权力地位仗势欺人的人，成百上千的伤害终会返还到自己身上来。唯有品德高尚、厚德载物的人，才能承受住天大的福气。一个人就像是一个容器，如果容器太小，老天即使给予再多福气，他也不能承受。身处现代社会，想要成为有福之人，我们就要对待身边的每一个人都宽宏大量，不计较别人的过错，不计较功过得失，宽容别人就是宽容自己。只有这样才能够扩大自己的格局，扩大容器，接住老天给予的福报。

5. 明己斤两，自谦自敛才能平步青云

《道德经》有言："江海所以能为百谷王者，以其善下之。"意思是指：水往低处流，江海之所以是河川汇聚之处，就是因为江海位于地势低的地方。人也一样，只有自谦自敛，才能够容纳百川，收纳万物。喜欢炫耀自己的人，容易遭到别人的嫉妒，表面上看似被所有人夸赞，背地里却受到这些人的陷害暗算，所以，言多必失，善于自谦才能够将自己保护好，以免受到他人的迫害。

自谦能够置身事外，从客观的角度看清局面。当局者迷，旁观者清。不自谦的人，往往喜欢在别人面前表现自己，展露自己的才华，殊不知这样会让自己陷入不必要的纠纷之中。世界本就布满疮痍，生活在世界上，能够规避的风险就尽量规避，不能给自己创造风险。自谦恰能够让自己站在局势之

外，从旁观者的角度思考问题，不仅能够对问题思考得更加全面，也能够培养自己的理智思维，让自己变得更加理性。

自谦能够给人留下好印象。在日常生活中我们可以发现，大家都喜欢的人，往往是隐藏得最深的人。善于自谦的人不会让自己处于旋涡的中心，他们知道如何保守自己的秘密，知道如何将自己的功劳隐藏，以免受别人的妒忌，而这样的人往往也能够得到别人的珍视，因为这种人面对别人的秘密时也会非常谨慎，不会让别人成为众矢之的。

清朝雍正年间，有个名叫江永的人，被推举到朝廷做官。他有一个小徒弟，名叫戴震。江永在前往朝廷的时候，也将戴震带在了身边，以便照应和教导。

但是到了朝堂上，江永一看见皇帝，就吓得直哆嗦。皇帝问什么，他都哆哆嗦嗦，说不出一句话来，皇帝觉得心烦，就召见了他的徒弟戴震前去答话。戴震到了朝堂，看见了皇帝，并未表露出害怕，皇帝问话，戴震口若悬河，句句切中要害，话语简洁精辟，皇帝在看到他的口才后特别满意。最后，皇帝问他："你觉得你和你的老师，谁的才华更高？"戴震毫不犹豫地回答："我的老师水平更高。"

听了这话，皇帝不免惊奇，又继续问："那为什么我让水平高的人来回答我的问题，他反而回答不上来，让水平低的人回答我的问题，他却能够口若悬河呢？"戴震说："我的老师已经年老，有些耳背，朝堂之上，他由于紧张更加听不清，如果能够听清，我的老师会回答得比我更好。"

皇帝当然明白戴震是在给自己的老师找台阶下，他对戴震的谦虚态度赞叹不已，封他为翰林学士。

戴震的故事向我们说明：在任何人面前都要虚心谨慎、自谦自敛。如果戴震毫不谦虚，在雍正皇帝面前鼓吹自己，可能后世对戴震的评价就是不尊重师长、自高自大了。可以说，戴震在打败自己虚荣心的同时，也看破了皇帝所设下的陷阱，他既将虚荣心抛掷，表现出了一种高尚的品德，又对皇帝的试探给出了完美的应对，让自己和老师江永都在这件事中得到了好处。

戴震的故事对我们有着深刻的启示作用，然而，身处现代社会，我们还得知道：丧失了自谦自敛，变得骄傲自大的人，终究不会得到好的结局。

李自成幼时为地主牧羊，长大后充银川驿卒。明末时期，朝廷腐败，很多人都发动了起义，希望能够推翻朝廷，还百姓安定的生活，李自成也不例外。他率领一支起义军攻打朝廷，身先士卒，礼贤下士，频频取胜，在崇祯九年（1636）高迎祥被杀后，李自成被推为闯王。崇祯十六年（1643），他称"新顺王"，改襄阳为襄京，第二年，他建立大顺政权，年号"永昌"，改西安为西京，定军制、封功臣、开科取士。同年，他攻取北京，推翻明朝统治。

在李自成率领起义军的前几年，他为了民众生活安定，不仅提出"均田免粮"的口号，在中国农民战争史上写下重要篇章，还打了多场胜仗，让周边的百姓都得到了解放。李自成也因为闯王的名头，收拢了人心。然而，好景不长，在成王后，他逐渐变得傲慢起来，认为自己贵为皇帝，不用再考虑百姓的生活。所以，他干脆放任天下不管，整日贪图享受，甚至在朝堂重臣李岩进献忠言的时候，一气之下将其杀害。这个举动惹得群臣议论纷纷，以致军心涣散。后来，李自成在与吴三桂、多尔衮于山海关的战斗中战败，辉煌功业毁于一旦，落得个功败垂成的结局。

李自成的故事向我们说明：自谦自敛只是成功路上的垫脚石，而一个人飞得越高，摔得越惨，如果抽走了这部分垫脚石，那他只会落得粉身碎骨的局面。在率领起义军反击朝廷的前期，李自成无疑尽到了一个领导人应尽的职责，在后期也获得了成功，但李自成毕竟没有经历过大世面，从小的生活环境让他在成功后得意忘形，有一点点小功劳就觉得自己了不起，这样的思维终究让他在最后失去了江山和人心。

人都是有虚荣心的，总想把自己获得的成就与功劳分享给他人，以此来满足自己的情绪需求。但有的人在听到别人的成就时只会对其心怀妒忌，有时候关于荣誉的分享并不会让别人信服，并且，这些人的嫉妒对象往往不是大富大贵的人，而是比自己情况稍好的人。所以，人生在世，一定要谨慎小心，不要为了一时的满足而让自己被别人嫉妒，自谦自敛，要相信智者都有会发现的眼睛，自己的谦虚会换来好的结果。

三

智　者　的　成　事　利　器

1. 居安思危，时刻准备才能保障后路

一个人只有时刻做好准备，才能够应对不知道什么时候就会出现的突发情况。俗话说："永远不知道意外和明天哪个先来。"人们总是在拥有温饱后，又渴望拥有遮风避雨的房子；在拥有房子后，又渴望拥有高品质的生活。如果身处在舒适的环境，就会忽视掉发生过和还未发生的困难，而这种安于当下的思想，导致这部分人在遇到麻烦时，总会自乱阵脚、狼狈不堪。所以，我们即使在舒适的环境下，也要考虑可能面临的困难和挑战，只有居安思危，才能够在面对挑战时游刃有余。

居安思危才能临危不乱。《三国志》有言："明者见危于无形，智者规祸于未萌。"人的一生总是充满鲜花与荆棘，在光鲜亮丽的事物背后，往往有些不可言说的危机与风险，而

智者能够在危险还没有发生的时候，就看出端倪，提前做好准备，想好万全对策，以便在危险来临后能够及时做出反应，或一开始就将危险扼杀在摇篮之中。也正是因为这样，智者在面临危险和挑战时，才能淡然处之，临危不惧，以平常心解决各种各样的问题。

居安思危才能不动如钟。如果一个人只注重当下的生活，只考虑眼前的利益得失，那么他在遇到难以解决的问题时，往往会不知所措，像热锅上的蚂蚁急得团团转，而目光长远、总是留有一手准备的人，在遇到突然发生的困难时，往往不慌不忙。所以，居安思危、提前准备不仅可以预防即将发生的麻烦，也是一根定海神针，让我们的心在面对危险和困难时安定下来，不再惊慌。

春秋时期，晋、戎、楚三分天下，晋国一直都是大国，但北方的戎狄和南方的楚国频频找晋国的麻烦，弄得晋悼公苦不堪言。晋悼公为了征服楚国，向大臣们寻求建议，此时，魏绛站出来说："主公现在与楚国竞争天下，不少诸侯国对于选择归顺谁都在摇摆不定，谁有仁德就会归顺谁，现在陈国归顺我们，如果我们选择去攻打戎狄，那么楚国就会趁机攻打陈国，到时候我们想帮忙也来不及。陈国如此，其他国家也是如此，最后即使我们征服了戎狄，也会失去中原。但如果我们与戎狄建立合作关系，就没有了后顾之忧，可以集中力量对付楚国了。"晋悼公听后觉得很有道理，于是就向戎狄提出和戎方针，在与戎狄的关系得到改善后，又开始协调中原各国，与中原各国建立了友好关系。

在诸国之中，郑国对于归顺谁摇摆不定，于是晋悼公就选择与宋、齐、卫等十二国联合，一起攻打郑国。面对如此强大的敌军，郑国国君为了自保，选择向实力强劲的晋国求和。于是，郑国国君就给晋国进献了很多的宝物，晋悼公收到宝物后开心不已，立马将十个歌女分配给了功臣魏绛，但魏绛却说："我们国家之所以能够顺利走下去，是您的功劳，我没有什么好奖赏的，但您在享乐的同时，国家也有许多事需要去办，所谓居安思危，我将这句话送给您。"

魏绛这番发自肺腑的话，让晋悼公听后感动不已，他于是更加敬重魏绛。

成功难，想要守住成功更难，晋悼公与中原各国建立了良好的关系，就连犹豫不定的郑国也进贡了大量的宝物，这种众人追捧的环境让他不禁忘乎所以，在达到了自己的目标后立马就安于现状，开始享乐起来。殊不知在安逸的环境中，危险往往埋伏在阴暗的角落，魏绛的话让晋悼公顿时醒悟，意识到自己现在不能贪图享乐，要时刻警惕局势，以防出现危险的情况。这种居安思危的思想正是守住成功的一大关键，也正是因为晋悼公时刻谨记这句话，才让自己的国家发展得越来越好。

苏秦，战国时期有名的纵横家，因为推崇合纵连横，经常往返于各个国家，也因为这个原因效力过多个诸侯国。在苏秦为齐国效力期间，他就经常将"居安思危"的道理告诉齐桓公，齐桓公也因为敬佩他时刻牢记着这句话。

后来，苏秦准备前往秦国，在离开之前，他再次对齐桓公说："我就要去秦国了，您从现在开始需要居安思危，时刻做好准备。"齐桓公不以为意，然而，就在苏秦离开后不久，齐国就陷入了混乱，齐桓公这才意识到，自己并没有像苏秦所说的那样居安思危，而是把苏秦还在时的太平盛世认为是自己骄傲的资本，忽视了潜在的风险和苏秦走后将面对的困难。齐桓公深感悔恨，对苏秦的忠告感到愧疚，从此，齐桓公励精图治，时刻保持警惕，使齐国成为春秋时期数一数二的大国。

这则故事向我们说明：不注重潜在风险，只专注于享受现状，将过去的荣耀当作骄傲资本的人，会尝到自己种下的苦果。身为帝王，本应该时刻为国家的前途而担忧考虑，齐桓公却不以为意，理所当然地认为国家会在自己的带领下一路发展下去，这种思想对于整体的发展本就是危险的。身处多变的环境中，我们应该时刻居安思危，即使现在生活如意，也要做好财务和物资的储备，以免在变故发生时，出现手忙脚乱的情况。

时代的脚步不断向前，世界是不会为我们而改变的，但我们可以改变自己。当我们被时代的洪流裹挟时，只有走出舒适区，才能够拥有自己的一席之地，只有时刻警惕危机的出现，才能够获得长久的稳定。如果没有一技之长，没有半分积蓄，在危险来临时就会捉襟见肘、如履薄冰。身为普通人，我们要时刻擦亮眼睛，不要被眼前的利益和美好所蒙蔽，要为未来做好准备，以此让自己变得处事不惊，能够克服一切困难。

2. 洞察危机，求得自保

古人说，见微知著，明察秋毫。这是一个高深的谋略，如果一个人能够于细微之处看到全局的发展，能从蛛丝马迹中探索到事物的规律，那就说明这个人拥有敏锐的洞察力和观察力，这些能力能够帮助他在关键时刻化险为夷，能让他站在客观的角度看待自己，能够更好地洞悉别人的动机，探索到事物更深层次的内涵。

一个人善于洞察，意味着他在面对任何情况时都能灵活应对。在社交中，敏锐的洞察力能够让我们从对方的表情、动作中知道他们的想法。善于利用这一点的人，甚至能够从一个人的穿着打扮、言行举止、生活习惯中推断出这个人的社会面貌，从而在与此人相处时握住主动权。在处世中，敏锐的洞察力能够帮助我们从细微之处推理全局，判断事物可能带来的结果，从而做出相应的决策，以应对不同结果对自己产生的影响。在为人处世时，敏锐的洞察力能够让我们更加圆滑，面对各种情况都能随机应变，从而为自己营造更多机会，开拓更多道路。

一个人善于洞察，意味着他往往能够抓住事物的本质。事物的发展总是矛盾的，一件事情没有绝对的是非对错。如果一个人能够以事物发展的主要矛盾作为切入点，那么一切模糊的现象都将变得清晰，再大的困难也会迎刃而解。当我们面对挑战时，敏锐的洞察力能够让我们更好地掌握事物发展的规律，明白其内在的关联性。只有发掘出事物的本质关系后，我们才能够顺藤摸瓜，找到解决它的方法。

春秋时期，越王勾践一举灭吴，其中最大的功臣当数范蠡和文种。范蠡和文种是谋臣，经常给勾践出谋划策。勾践在称王后，想要给两人封官嘉奖，范蠡却以年事已高需要告老还乡为由拒绝了。

其实范蠡知道，勾践名义上是在奖赏二人的功劳，实际上是在试探二人。他深知一旦二人答应受赏，必定会功高盖主，到时候两人的处境将会非常危险，所以他选择了拒绝。但是文种不相信自己为勾践复国出谋划策，勾践会舍得将他杀死，就选择了接受奖赏。

范蠡在得知文种接受奖赏后，特地写了一封信给文种，劝诫他赶紧离开越王，回到平凡的生活中去，甚至在信中用了一个非常形象的比喻："飞鸟尽，良弓藏；狡兔死，走狗烹。"希望文种能够及时醒悟，以免为自己惹来杀身之祸。但是文种并没有当回事，勾践给他的好处让他丢失了自我，失去了理智，他没有看清勾践的本心，在范蠡走后不久就被勾践以莫须有的罪名加以杀害。而此时，范蠡已经回到乡下，过上了平凡人的生活，躲过了这一场灾难。

正是因为范蠡从过往的小事中洞察到以后的变化，才能及时抽身，逃过一劫。而文种却被浮于表面的好处所诱惑，被利益蒙蔽双眼，才落得凄惨下场。这则典故向我们说明：任何事物都有两面性，一个人也许表面和善，实际上内心卑鄙；一件事物也许看起来简单，实质上牵扯到千丝万缕的利益，只有从细微的变化中看清二者的本质，才能够从根源上解决问题。

三国时期，东吴、蜀国发生战乱，当时，刘晔是魏国的大臣。

吴蜀打得不可开交，吴国特地派遣使臣来到魏国，向魏国俯首称臣，曹丕和诸多大臣见状后大喜，但刘晔却向曹丕提出要立刻伐吴的主张，他对曹丕说："吴、蜀是山水阻隔的两个大国，一旦天下发生了什么大事，这两个国家就会抱团取暖，而现在他们打了起来，正是我们进攻的大好时机，我们长驱直入，去攻打吴国的内部，蜀国攻打吴国的外部，内外夹击，还愁东吴不会灭亡吗？一旦东吴灭亡，蜀国就再也没有了抱团取暖的对象，这个时候将蜀国收入囊中也不在话下。"

然而，曹丕并没有将刘晔的话听进去，反而将孙权封为了吴王，刘晔见状，极力阻止，说："就算是吴国投降于我们，陛下也不能将他封为王，吴国本就忌惮我们，如果以后我们伐吴，孙权一定会趁机鼓动民心，到那个时候我们伐吴肯定会面临极大的困难，一旦他有了更大的权力，我们就会受到威胁！"

然而，曹丕还是没有将刘晔的话听进去，甚至听信了孙权的话，导致伐吴的计划一再延迟，最后果不其然，曹丕在攻打吴国时，无功而返。

身为一个贤臣，刘晔一眼就看出了孙权的心思，认为其包藏祸心，明面上恭维曹丕，实际上一直在为自己平息内乱找借口。但曹丕不以为意，想当然地认为孙权就是归顺于自己，甚至还以此为傲，殊不知这样的思想正好中了孙权的圈套，才致使后来曹丕伐吴失败。

生活并不像我们看上去的那样风平浪静。我们生活中的每个人，可能都怀揣各自的心思；我们生活中的每件事情，可能都有其深层的含义。我们之所以看不见事物的本质，是因为有时候我们选择性地忽略了生活中的细节。不管是晋悼公还是曹丕，他们都选择性地忽略了潜在的风险，将环境所造成的假象当作了自己骄傲的资本，但事实却是：这些假象背后往往隐藏着祸患和阴谋。如果不对这些事情加以琢磨，轻信别人的阳奉阴违，轻视周围出现的各种现象，就容易造成不可估量的后果。所以，培养洞察力，尝试从生活中的小事推理全局，是将自己从危险中脱离出来的必要手段。

3. 审视全局，防患于未然

防微杜渐，所见虽小，防范为先。量变可以引起质变。在好的方面，不断对"量"进行积累，可以带来好的成果；在坏的方面，我们就要防微杜渐，防止坏结果的出现。如果不对坏的小事进行制止，就容易酿成不好的结果，正如一个人品德的形成，如果不从小抓起，纵容此人的小陋习，那么这个人在长大后，小陋习就会变成大陋习，给自己带来许多不必要的麻烦。所以，在处事时，我们一定要注意防微杜渐，在坏事的苗头一出现时就尽快将其消灭，才能够避免被不必要的坏事所影响。

懂得防微杜渐的人，是具有预见性、能够掌控未来的人。坏事发生的过程就像是温水煮青蛙，总是让人们在不知不觉中落入陷阱，等到反应过来时才突然发觉已经无法挽回。这种不良的结果看似突然，实则可以追溯到很早之前，在人们还没有意识到的时候，坏事往往就已经在酝酿了。所以，能够掐灭坏事发生苗头的人，是目光长远、聪明机智的人，这种人往往更具有先见之明，在一定程度上能够决定自己或者和自己相关的人和事的走向。

懂得防微杜渐的人，是具有灵活性、能够随机应变的人。他们深知在复杂多变的世界里，预防往往比解决更为关键。这些人在面对问题时，不仅有着敏锐的洞察力，能够捕捉到细微的征兆，更有着果断的决策力，能够在关键时刻做出正确的选择。他们懂得在风险尚未形成之时，就采取措施加以防范，从而避免事态的进一步恶化。这种灵活性和应变能力，使他们在面对挑战时总能保持冷静，找到最佳的解决方案，最终走向成功。

刘邦建立了大汉王朝之后，虽然国家初步稳定，但仍有许多内忧外患需要处理。他作为开国皇帝，非常注重国家的长治久安，因此他时常与大臣们商讨国事，寻求治国良策。

在这些大臣中，有一位名叫张苍的官员，他为人正直，才华横溢，深受刘邦的器重。张苍不仅精通历法、算术等学问，还善于观察和分析时局，对国家的治理有着深刻的见解。

有一天，张苍在朝堂上向刘邦阐述了一个很重要的现象，他注意到刘邦的儿子，即太子刘盈，有些行为不端的地方，可能会对国家的未来产生不良影响。张苍深知太子是国家的未来，其行为举止直接关系到国家的命运，因此他对此深感忧虑。为了国家的稳定和繁荣，张苍上书给刘邦，指出防患于未然，不可不察。他在奏章中详细阐述了刘盈的不良行为可能带来的后果，同时，他也提出了一些具体的建议和措施，以帮助刘邦及时纠正太子的错误行为，防止潜在的危险发生。

刘邦收到张苍的奏章后，非常重视这个问题。他向来敬重张苍，于是，刘邦立即召见太子刘盈，对他进行了严厉的批评和教育。他还责令太子改正错误，努力学习治国理政的知识和技能。在刘邦的监督和指导下，太子刘盈逐渐改正了自己的错误行为，开始努力学习如何成为一个合格的君主。随着时间的推移，他的品行和能力都得到了显著的提升。

帝王家的皇子难免会有嚣张跋扈的时候，更别说刘盈是太子，会比其他皇子更加有优越感。照理来说，皇亲贵族嚣张跋扈一点其实是一件非常正常的事情，但张苍能够从刘盈的行为中预见国家未来的走向，意识到太子的行为与国家未来命运的关联，并做出制止他的行为举动。对于张苍来说，纠正太子的错误是自己的职责；对于太子刘盈乃至整个国家来说，正是因为张苍的劝诚，国家才能够继续向前发展。所以，防微杜渐带来的好处不仅作用在个人身上，更作用于一个集体或一个国家。

在东汉时期，有一位名叫丁鸿的官员，他性格刚直，学识渊博，且以直言敢谏而著称。丁鸿身处朝廷之中，时刻关注着国家的兴衰和安危。当时，东汉王朝外戚势力日益膨胀，尤其是窦太后及其兄弟窦宪等人，他们仗着皇室的宠信，包揽朝政，独断专行，引起了朝野上下的广泛不满。丁鸿深深忧虑这种局势会给国家带来灾难性的后果。

一天，天空中出现了日食现象，这在古代被视为一种不祥的征兆，往往预示着国家的灾难或皇室的变故。丁鸿抓住这个机会，借日食上书给汉和帝，阐述了他对国家现状的担忧和见解。在奏疏中，丁鸿首先描述了日食的严重性和象征意义，然后指出窦家权势的过度膨胀对国家造成的潜在威胁。他列举了窦宪等人专权跋扈、欺压百姓、贪污腐败等种种罪行，并警告说，如果不及时加以遏制，这些行为必将导致国家的衰败和灭亡。接着，丁鸿提出了"防微杜渐"的主张。他认为，治理国家应该像医生治病一样，要在病情还没有恶化之前就采取措施进行预防和治疗。对于窦家权势的问题，也应该在它还没有发展到不可收拾的地步之前就加以遏制和清除。

丁鸿的奏疏言辞恳切、观点鲜明，引起了汉和帝的深思。汉和帝虽然年轻，但也是一个有远见、有作为的皇帝。他深感丁鸿所言非虚，决定采纳丁鸿的建议，革除窦宪等人的官职，削弱外戚势力，加强皇权。经过一系列的努力和斗争，汉和帝成功地削弱了外戚势力，加强了皇权，并开创了"永元之隆"，使东汉国力达到鼎盛。丁鸿也因为他的直言敢谏和远见卓识而名垂青史。

这两则典故向我们说明：防微杜渐不仅能够从根源上杜绝坏事的发生，也能够让当事人获得良好的收益。不管是张苍还是丁鸿，两人防微杜渐的思想都让他们的国家前路更加通畅，两人也因此受到了皇帝的重视，发挥了自己的才能。

在复杂多变的世界中，我们常常面临着各种挑战和困难，然而，通过细心观察、敏锐洞察，我们能够在问题尚未扩大之前，就采取积极的措施进行预防，这种防微杜渐的思维方式，不仅能够使我们避免陷入更大的危机，还能在危机中找到转机，将坏事转化为好事。而想要做到防微杜渐，我们就要培养自己的观察力，对周围事物敏锐一点，尝试在生活中从一件小事推理全局，要时刻保持警惕，从多个维度看待周围发生的事情。只有这样，我们才能够不断减少将来可能发生的坏事。

4. 抢占先机，快人一步才能捷足先登

机不可失，时不再来。机会是稍纵即逝的，如果没有及时抓住，好好把握，就容易错失机会，让别人捷足先登。所谓："秦失其鹿，天下共逐之，于是高材疾足者先得焉。"抢占了先机，就等于为自己创造了机会。在这个纷繁复杂的世界中，我们会遇见很多的机会，但如果不善于抓取，只会在原地静待，那么机会永远都不会落到自己头上，只有主动出击，摒弃懦弱，才能够快人一步走向胜利。

善于抢占先机，才能将危险远远甩在身后。在人生的旅途中，机遇与挑战并存，而真正的智者总能敏锐地捕捉到那稍纵即逝的良机。他们不仅拥有前瞻性的眼光，更有着果敢的行动力，敢于在众人犹豫之际迈出坚定的步伐。正是这份敢于抢占先机的勇气与智慧，让他们在竞争激烈的环境中脱

颖而出，化险为夷，最终走向成功。

善于抢占先机，才能先一步到达成功的终点。机遇总是偏爱有准备的人，那些能够敏锐洞察市场动向、精准把握时机的人，往往能够在关键时刻脱颖而出，展现自身的价值。他们不仅拥有过人的智慧和判断力，更有着敢于冒险、敢于创新的勇气。正是这份勇于抢占先机的精神，让他们在人生的道路上不断超越自我，最终成就辉煌。

在楚汉相争的时候，蒯通曾劝韩信自立为王，与刘邦、项羽三分天下，韩信并没有采纳这个建议。

公元前197年，汉高祖刘邦亲自带兵征讨巨鹿郡的郡守陈豨，要韩信随行。韩信一直与陈豨交往很密切，再加上自己被贬为淮阴侯，对刘邦非常不满，于是托病不去，留在长安。第二年一月，有人向吕后告发韩信，说他要谋反。原来告发他的人是他的一个门客，因为冒犯了韩信，韩信要杀他。那个门客的弟兄就向吕后告发，说韩信与陈豨串通一气，指使陈豨谋反。吕后与萧何用计把韩信骗进长乐宫杀死，一代传奇名将就此陨落，令人不胜唏嘘。

韩信临死的时候，眼望青天，长长地叹了一口气，说："我后悔不听蒯通的话，今天反倒受了妇人的欺骗！"韩信的不幸遭遇，成为后人反思抢占先机重要性的一个深刻警示。

这则故事向我们说明：生活中处处都有机会，如果缺少一双能发现的眼睛，即使拥有过人的本领也将毫无用处。在关键时刻，韩信未能把握先机，最终惹来杀身之祸。如果韩信能洞察形势，抓住机遇，捷足先登，那么他的结局会有所不同。

抢占先机所蕴含的谋略思想，不仅要求我们做到"快"，更要做到"抢"。有的人是利己主义者，认为如果我们不选择去抢夺机会，机会就会被别人抢走；如果我们选择退缩，那么我们就永远也得不到机会的青睐。但有时候，机会并不是现成的，特别是在强者云集的世界里，并没有那么多的可乘之机，所以我们得自己去创造机会，做机会的主人。

东汉末年，朝政腐败，外戚和宦官轮流把持朝政，社会动荡不安。汉少帝被废黜后，汉献帝刘协即位，但此时的他年幼无知，无法有效地治理国家，导致皇权旁落，地方割据势力崛起。在这样的背景下，曹操看到了机会，他决心通过控制皇帝来号令诸侯，实现自己的政治抱负。

曹操在得知汉献帝刘协被董卓部将李傕、郭汜等人挟持的消息后，果断采取行动。他采纳了谋士毛玠的建议，设法将汉献帝从洛阳接到了自己的根据地许县（今河南省许昌市建安区）。通过这一行动，曹操成功地控制了汉献帝。

曹操利用皇帝的权威，以皇帝的名义，对内整顿朝政，改革官制，选拔人才；对外则发动了一系列战争，逐渐统一了北方地区。这一策略使得曹操在政治上占据了制高点，他的命令往往能够得到诸侯的响应和支持。同时，曹操也通过这一策略，逐渐削弱了其他诸侯的势力，巩固了自己的地位，在他的控制下，汉献帝成了名义上的皇帝。

然而，这一策略也引发了其他诸侯的不满和反抗。其中最为著名的就是袁绍。袁绍作为当时势力最大的诸侯之一，自然不能容忍曹操的这一行为。于是，一场关乎天下命运的战争——官渡之战，就此拉开了序幕。在官渡之战中，曹操凭借出色的军事才能和政治智慧，成功击败了袁绍的军队，进一步巩固了自己的地位。

曹操就是一个善于为自己创造机会的典型人物，世界风云变幻，本就身处四面楚歌的环境之中，他却能够从中创造属于自己的机会，在不知不觉中超越别人。这种过人的胆识和谋略，让他不仅在动荡不安的年代能够独揽大权，还让他在此后的几十年里成了天下霸主。

所以，抢占先机对于制胜的重要性不言而喻。在这个竞争激烈的时代，每一个机会都如同珍贵的宝藏，只有那些能够迅速捕捉并牢牢把握的人，才能立于不败之地。而想要做到这一点，我们不仅要拥有清醒的头脑，更要拥有果断的行动力。如果我们总是瞻前顾后，犹豫不决，那么当机会摆在我们面前时，我们可能还在纠结到底要不要抓住它，它就已经悄然从我们的手边溜走，去往了那些更为果断勇敢的人手中。正因如此，我们在日常生活中，要时刻警醒自己，培养果断的做事方式。当我们遇到让人徘徊不前的事情时，要勇于迈出第一步，学会用决策者的思维去看待问题，只有这样，我们才能塑造出果断勇敢的性格，让自己在人生的道路上更加坚定、自信。而当这种果断勇敢的品格成为我们的习惯时，我们才能在复杂多变的环境中敏锐地察觉身边的机会。无论机会以何种形式出现，我们都能迅速捕捉并牢牢把握。这样，当机会再次来临时，我们就能够胸有成竹、信心满满地迎接它，最终走向胜利。

5. 调整策略，不同情况对症下药

　　不同问题，往往都有其对应的答案和解决方法。在处世的过程中，我们总会遇到各种各样的困难和挑战，大多数人在面对这些挑战时，常常会用同一种思维模式解决它们，这就容易出现思维僵局，导致有些问题解决起来很简单，有些问题解决起来很麻烦。殊不知，即使是性质相同的一件事，解决的方法也不能完全相同。针对不同的事情，就应该采取不同的方法，量体裁衣才是解决问题、谋求发展的最佳方法。

　　愚者眼中只有一个世界，在这个世界中他们是主角；智者眼中却有无数个世界，在这个世界中每个人都是主角。这让两者在看待同一个问题时，有着截然不同的两种态度，前者总是以片面的眼光看待问题，而后者却能够从多方面对问题进行思索考虑。能够针对不同情况及时做出反应的人，事先必定拥有多项才能和技艺。因为这部分人时刻都在为了未来做准备，他们的学识和见识足以支撑他们去解决好手中的每一件事，但如果让一个不学无术、志大才疏的人去处理事情，事情的结果往往不尽如人意。

　　《三国演义》中，东汉末年，曹操率领大军南下，意图统一全国。当时，孙权与刘备是南方的两大势力，眼见曹操攻来，他们就选择联合抵抗，双方共同组建了一支军队，在长江之畔等待曹军攻来，这场战争被称为赤壁之战。

　　在赤壁之战中，周瑜和诸葛亮观察到曹操军队多为北方人，不习水战，而且由于长途跋涉，疲惫不堪，军中疾疫流行，士气低落，他们观察到对方这些弱点，决定采用火攻战术，利用长江上的东风，一举摧毁曹军。为了实施火攻计划，周瑜和诸葛亮巧施诈降之计，让东吴的老将黄盖率领十艘小船，装满柴草，灌以膏油，假意投降曹操。曹操信以为真，放松了警惕。当黄盖的小船靠近曹军大营时，他迅速点燃柴草，火势迅速蔓延。烈火熊熊燃烧，映红了长江两岸。曹军的舟船被烧得七零八落，火光冲天。大火还延及岸上曹营，曹军伤亡惨重。曹操见大势已去，下令将剩余的舟船都予以烧毁，然后率残兵败将撤退。

　　赤壁之战中，孙刘联军以少胜多，大获全胜。这场战争不仅挫败了曹操统一全国的野心，也奠定了三国鼎立的基础。孙权巩固了东吴的基业，刘备则在诸葛亮的辅佐下，逐渐建立了蜀汉政权。

计划做得好，就可以用最小的损失带来最高的收益。周瑜和诸葛亮就是观察到曹军不善水战、军心涣散，并以此为突破口，才制订出针对曹军最好的进攻计划。事实证明，面对不同的事情，只有结合情况具体分析，才能未雨绸缪，最终取胜。《孙子兵法》记载的谋略早已说明，真正拥有大格局的人，不会只用同一种方法面对所有战争，他们的格局和思想能够帮助他们针对不同情况，找到较为完美的解决方案。

东汉末年，中原烽火不断，其中袁绍和曹操为了争夺北方的主权，各握重兵，在官渡展开了一场大战。

袁绍出身名门望族，手握着几十万重兵，曹操出身低微，手底下的士兵也没有袁绍多，然而，袁绍的军队却远远不如曹操。彼时，袁绍的军中矛盾重重，将士们各自心怀鬼胎，袁绍虽然待人有礼，但并不会用人，导致将士之间钩心斗角，时常发生打架斗殴的事情，军中士气低迷，且因为人多势众，对曹操的军队不屑一顾。反观曹操这边，他善于用兵，军中秩序井然，将士们团结一心、士气高昂，对这场战争的胜利充满了希望。

在战争期间，曹操注意到袁绍的军队军心涣散这一点，他结合当时的具体情况制定了针对袁绍军队的战略和战术。在战争前夕，曹操侦察到袁绍的运粮车队要经过一片密林，于是，他就派出了精锐士兵埋伏在密林之中，拦截了袁绍的运粮车队，截断了袁绍的后援。粮草被毁，袁绍的军队一下陷入了困境。曹操趁机集中兵力，向袁绍发起了猛烈的攻击。袁绍的军队本就军心涣散，再加上此时粮草被毁，军中一片慌乱，在曹操的攻势下，袁绍大败，在逃亡途中被俘，不久便死在了狱中。

曹操是一代枭雄，这不可否认，他的许多作战战略都让人称奇，但是，人外有人，天外有天，他最终还是败在周瑜和诸葛亮的手下。从这两则故事中我们可以看出：曹操在最开始的时候，善于用人，对下治理有方，这让他的军队没有什么弱点；可是到了后来，他的军队也变成了袁绍的军队那样，这才让周瑜和诸葛亮抓住漏洞，一举攻破。所以，能够调整策略的前提是，保证自己的内部没有出现问题，只有自己本身不被人抓住把柄，才能调整出更好的战略。

不管在任何场合，"对症下药"都是突破难关的重要方法。在政治上，位高权重者往往会根据民情制定整体的战略，一个好的战略能够起到指明灯的作用，带领全体走向成功。但值得注意的是，因为地域的差异和风俗的不同，人们对战略的落实也存在差异，一个战略并不能解决整体内部的每一个问题。针对内部不同的情况，我们要采取相应的措施，只有这样才能实现最终的目标。正如航行中的巨轮，即使有了精确的航海图，也需要舵手根据实际情况调整航向，以应对突如其来的风浪。面对世界的瞬息万变，我们需要灵活调整策略，针对不同的问题采取相应的措施，只有这样，我们才能在竞争中立于不败之地，最终实现长远目标。

四

决策

善 于 决 策 , 才 能 决 胜

1. 摒弃犹豫, 当机立断开辟道路

在生活的舞台上，我们时常面临各种选择，犹豫往往成为我们前进的绊脚石，而真正的勇士懂得在关键时刻摒弃犹豫，当机立断。因为只有做事果断的人，才不会被自己所承受的一切责任或希望所拖累，才能够在关键时刻做到该舍弃就舍弃，将不必要的压力负担抛诸脑后，从而摆脱困扰，实现自己的目标。

"当断不断，反受其乱。"人生在世，我们时常会对自己的未来感到迷茫，这导致我们在需要做出一些重大选择时，往往看不清前方，犹犹豫豫难下决定，殊不知，一旦犹豫，事件的走向就会发生改变。其实，每个人在自己的一生之中，都有站在十字路口的时候，前路似乎总是充满了迷雾，有的人不敢向前踏出一步，害怕迷雾中的未知会吞噬他们，有的人却有着一身钢筋铁骨，不管迷雾之中有什么都勇敢向前。事实证明，敢于迈出第一步的人，恰恰是拥有更多选择、更多机会的人，如果连第一步都不肯迈出，也就无法在人生之路上启程。

所以，每个人在人生交叉路口时都应该当机立断，不要因为害怕而犹豫不前，也不要因为私欲而贪得无厌。要知道，机会在选择我们时，会先选择勇敢的人而不是胆小的人，会先选择知足的人而不是贪婪的人。该放下时就放下，该果断时不要犹豫，这才是智者的处世态度。

东汉末年，有一位叫郭嘉的人，他年少聪慧，早在少年时期就才名远扬，他预见会天下大乱，于是早早就隐藏起了自己的踪迹，投身田园，只结识了一些青年才俊。

郭嘉因为早早避世，所以几乎没有人认识他。到了他21岁时，郭嘉决心走出田园寻找明君，让自己的才能得以发挥。他先是北上寻找袁绍，但是到了北方后，他发现袁绍虽然会礼贤下士，却不会用人，做事也犹犹豫豫，想要谋事却下不了决断。于是，他又离开了袁绍，回到田园待了六年。

一直到六年后，曹操的谋士不幸离世，曹操犹如失去了左膀右臂。这时，曹操问荀彧，有没有什么能人志士能够代替谋士的位置。荀彧思索了一下，立马就想到了郭嘉，他和郭嘉是多年的好友，清楚郭嘉过去的遭遇，荀彧听说郭嘉从袁绍身边离开后，一直都为郭嘉惋惜，于是就向曹操推荐了郭嘉，并把这个消息告诉了郭嘉。郭嘉清楚曹操的为人和治理国家的手段，便毫不犹豫地同意辅佐曹操。有了郭嘉，曹操在很多次战争中都取得了胜利，他平定了吕布，安定了河北，灭了乌桓，国家也变得越来越富足。

在我们每个人的人生中，都会出现一个"袁绍"，不同的是，有的人选择誓死追随"袁绍"，有的人选择和郭嘉一样，等待下一个机会。其实，我们每个人对"袁绍"的看法都是模糊的，我们现在之所以赞同郭嘉离开袁绍的做法，是因为我们是局外人，知道郭嘉会在未来遇见曹操，但如果我们是局中人，就难免有人会用"袁绍"的优点去掩饰他的不足，不断地去逃避对方的不足，以至于自己白白浪费了时间与精力。所以，在我们感到困惑和不对劲时，应该果断做出决策，及时脱身，不要让自己身处在旋涡的中心。

秦朝末年，天下大乱，各地起义军纷纷涌现，意图推翻秦朝的暴政。其中，项羽率领的楚军成为一支重要的力量。为了彻底击败秦军，项羽决定与秦军主力在巨鹿进行一场决战。当时，项羽的军队与秦军相比，在人数和装备上都处于劣势。然而，项羽深知，这是一场关平国家命运的决战，必须全力以赴。他召集了全军将士，向他们传达了必胜的决心和勇气。在决战前夕，项羽做出了一个惊人的决定——破釜沉舟。他命令全军将士将所有的船只都凿沉，将煮饭的炊具都打破，将营房也全部烧毁。这样做的目的是告诉全军将士，他们已经没有退路了，只有与秦军死战到底，才能求得一线生机。全军将士被项羽的决心所感染，他们纷纷表示愿意与秦军决一死战。在战斗开始后，楚军将士奋勇向前，毫无畏惧。他们凭借着对胜利的渴望和对失败的恐惧，发挥出了超乎寻常的战斗力。经过激烈的战斗，楚军最终击败了秦军，取得了决定性的胜利。这一战不仅为项羽赢得了极高的声誉，也为他日后成为西楚霸王奠定了基础。

如果没有项羽的当机立断，就没有楚军的奋起反击。或许，项羽的当机立断在众人眼中有些偏激，但站在领导者的角度来看，这却是鼓舞士气的最佳做法。在战场上，任何奖励都不如直面死亡更能够让人全力以赴，只有让士兵们感受到千钧一发、殊死一搏的战场氛围，才有可能换来一线生机。所以，项羽的做法是勇敢的、正确的，如果他顾及士兵的生命，顾及自己的生死，也许这场战争就没有想象中那么顺利。

我们经常讨论一个话题：人生路上，拿得起更难还是放得下更难。从个人层面来看，其实每个人都渴望得到更多，在面临选择时往往都想要找到一条得而不失的路，所以，有的人会觉得放得下更难。可我们应该明白，想要得到一些东西，就需要放弃另一些东西。物物交换不仅在社会行为中适用，在诸如此类的处世智慧上也适用，我们都听说过"鱼与熊掌不可兼得"的道理，如果在需要鱼的时候，还想着放弃了熊掌会怎么样，那么不仅会失去熊掌，可能回过头来连鱼也失去了。所以关键时刻，该下决断就下决断，犹豫就会错失机会，与其鱼与熊掌不能兼得，不如果断放下熊掌，好好把握手中的那条鱼。

2. 善于对标，比较之中进行反思

从古至今，在比较中反思的事例颇多，曾子曾有言"吾日三省吾身：为人谋而不忠乎？与朋友交而不信乎？传不习乎？"意在向世人传达自省的重要性。而在比较反思中反省自己的这一行为，对一个人的提升来说尤为重要，《论语》中孔子也说："见贤思齐焉，见不贤而内自省也。"将他人的善举当作自己行为的典范，避免犯下他人所展露出来的恶习，只有不断对自我进行反思，才能够发现自己的不足，从而加以改正，从多方面让自己成为更好的人。

善于对标反思，能够让我们拨开云雾见月明。人总有犯错的时候，我们小时候常听的一句话就是：知错就改。如果对每一件做错的事情都选择逃避，对自身的行为不加以反思，我们就永远都不知道问题出在什么地方。只有敢于直视自己的错误，用正确的方法去处理它，我们才能够看到真正的问题所在。

善于对标反思，能够促进我们灵感的迸发，活跃我们的思维。我们在前进的道路上经常会遇见难以解决的问题，也时常会遇到人生的瓶颈期。每当这个时候，我们都需要很长的时间才能找到答案，甚至找不到答案，一直陷于困局之中。长期的固化的思维模式让我们的大脑不再活跃，总是死板地去面对当下的困境，而反思就是一条能够解决烦恼的有效方法，对当下的处境进行反思，或许就会找到新的方法去解决困难。

伯启是夏朝时期的一位诸侯，他英勇善战，威名远扬。然而，在一次与敌国的较量中，伯启的军队却遭遇了惨重的失败。战败后的伯启，独自一人在田野中徘徊，心中充满了困惑和不解。他不断地问自己，为什么会失败？是哪里出了问题？正当他陷入沉思时，他注意到前方有一人在路上忙碌地堆石头，并且不时地用棍子敲打那些石头。

伯启好奇地走近，询问那人为何要做这样的举动。那人回答说："我原本看到这些石头的质地疏松，认为它们容易被我的棍子击碎。于是，我毫不犹豫地发起了攻击。然而，我没想到的是，这些石头实际上非常坚硬，我的棍子在反复敲打中竟然折断了。"听到这里，伯启的心中豁然开朗。他意识到，自己之所以会战败，正是因为像那人一样，过于轻敌和骄傲。他没有充分准备，没有认真了解敌人的实力，就贸然发起了攻击。这样的盲目和冲动，自然会导致失败。

伯启深深地吸了一口气，决定要吸取这次失败的教训。他回到军中，开始整顿兵马，加强训练。他认真分析敌人的实力和战术，制订出了更加周密的作战计划。同时，他还虚心向将士们请教，倾听他们的意见和建议。经过一段时间的积蓄和准备，伯启再次率领军队与敌人交战。这一次，他们凭借着充分的准备和精心的战术安排，成功地将敌人击败，转败为胜。

这则故事告诉我们：失败时不要气馁，可能还有机会，关键是能不能从失败中总结教训，反思自己。伯启就是这样的一个典型人物，身在局中，他对失败的原因感到迷茫困惑，而田野中击打碎石的人正好打开了他的思维，让他知道了己方的问题到底出在了什么地方，也正是因为他能够从身边的一件小事进行反思改过，他所领导的军队才能在后期的战争中不断取得胜利。

战国时期，齐国有一位名叫邹忌的贤士。有一天，邹忌在镜子前整理自己的仪容，他先是询问了自己的妻子和妾，自己和城北徐公到底谁更好看，他的妻子和妾都说他好看。他又问了自己的客人，客人也说他比较好看。但是，第二天，他在朝堂上遇到了徐公，发现徐公比自己要美得多。邹忌稍加思索后明白了，自己的妻子和妾室之所以夸他比徐公美，是因为她们偏爱自己，而客人之所以那样说，是因为有求于自己，而这种偏爱和私欲在朝堂上同样存在：君主往往只能听到身边的人的赞美和奉承，而无法听到真正的意见和建议。如果君主被这种假象所迷惑，就会失去判断是非的能力，从而导致国家的衰败。

于是，邹忌决定利用这个机会，向齐威王进谏。他来到王宫，拜见齐威王，并向齐威王讲述了自己的经历。他告诉齐威王，自己因为被偏爱和私欲所蒙蔽，而无法看清自己的真实容貌。同样，君主也可能会被身边的人所蒙蔽，而无法看清国家的真实状况。齐威王听了邹忌的话，深有感触。于是，他下令在朝堂上设立一面大鼓，任何人都可以击鼓进谏，无论谏言是否刺耳，他都会虚心接受。

这个政策一经实施，就收到了显著的效果。许多忠臣和贤士纷纷前来进谏，为齐国的繁荣出谋划策。齐威王也虚心听取他们的意见，不断改正自己的错误，使齐国逐渐走向强盛。

从这则故事中我们可以看出，我们在反思中所得到的经验成果，不仅能用在自己身上，也能够用在别人身上，甚至可以用于治理国家。邹忌就是这样一位心怀天下的贤臣，他从自己的经历中，推断出了国家目前的处境，提出了改良的建议。正是因为有他这样的贤臣，齐国对内才能够治理有方，对外才能御敌有术。

上述两则典故向我们说明：对标反思不仅可以让我们提升自己，而且也能提升我们身处的群体。除此之外，君子能够从自己身上发现不足，小人总是把错误推给他人。对标反思还有利于缓解我们和他人之间的矛盾，在社交时对自己的反思，不仅体现出我们对这段感情的重视，也能够体现出我们的君子风范，树立良好的个人形象。

3. 广开言路，博采众议后下判断

我们在一生当中，会遇见很多无法抉择的事情，除了用"当机立断"和"对标"这两种方法，我们还可以通过征求他人的意见来做出选择。不是每个人都能够考虑到事物的方方面面，正如一千个人中有一千个哈姆雷特，每个人对同一件事物的看法都是不同的，当我们无法考虑周全时，问问别人的意见也许会让我们的思维打开，找到新的突破口，如果能够将所有人的智慧凝结，也就能更快地找到解决问题的正确方法。

有自己的想法固然是重要的，但我们在处理问题的时候不能够一意孤行。古代之所以有早朝，就是因为君主不能完全按照自己的想法来治理国家。一个国家的发展必须听取群众的意见，如果完全按照帝王的想法来做事，就会有很多民间的真实情况无法被关注。只有听取各个大臣的想法和建议，对其综合考量，才能够找出一条最有利于国家发展的道路，这一点放在如今同样适用。

但是，广开言路并不代表一定要听别人的，我们虽然不能一意孤行，但也不能抛弃自己的想法，如果我们自己的想法是有利于自己或者整体发展的，那么我们就要将自己的想法也放进考虑范围。广开言路是有原则的，是建立在大家的想法都有用处的前提下，如果我们对每一个人的想法都听之任之，不仅会让自己变得没主见，做出的决策在他人眼中也不具有信服力。

北魏孝文帝拓跋宏，是一位具有远见卓识的皇帝。他深知一个国家的兴衰与政策的制定和执行密不可分，而政策的制定又离不开广泛的民意和贤能之士的建议。因此，他在位期间，特别注重博采众议，广泛听取各方面的意见和建议。

有一次，北魏王朝面临一场重大的战争。朝廷上下对于战争的决策存在分歧，有的主张坚决抵抗，有的则主张求和避战。在这个关键时刻，孝文帝并没有急于做出决策，而是召集了朝廷中的文武百官和各地的贤能之士，进行了一场激烈的讨论。在讨论中，大家各抒己见，畅所欲言。有的人从国家的长远利益出发，主张通过外交手段解决争端；有的人则从国家的尊严和士气出发，主张坚决抵抗。孝文帝认真地倾听着每一个人的发言，不时地点头表示赞同或提出疑问。

经过几轮激烈的讨论，大家的意见逐渐趋于一致。孝文帝综合了各方面的意见，制定了一个既符合国家利益又能够确保国家尊严的战争策略。他任命了一位有勇有谋的将领统率军队，他本人亲自坐镇后方调度指挥。最终，在全体将士的共同努力下，北魏王朝成功地抵御了外敌的入侵，保卫了国家的安全和尊严。

拓跋宏身居高位，但并没有想过要独揽大权，而是将治理国家的权力放心地托付到自己所信任的每一位大臣手中，众志成城来解决问题。这样的治国方式，让他手底下的大臣们都尽心尽力为国家出力。

一个善于倾听的领导者，必定有一群忠心耿耿的追随者。纵观历史长河，古代明君手底下多半都是贤才，明君善待手底下的贤才，贤才才不会背叛明君，二者是互惠互利、共生共赢的关系。也正是因为这样，有明君统治的时代，很少会发生谋权篡位的情况。反观统治暴戾的君主，在其统治时期，揭竿起义者数不胜数，饿殍遍布荒野。事实证明，特立独行、仗势欺人的人，不会受到大家的爱戴，人生中所谓的高光时刻也只是少数。

唐太宗李世民，是中国历史上著名的明君之一，他开创的"贞观之治"，是中国历史上著名的盛世之一。唐太宗的治国理念中，有一个重要的方面就是"博采众议"，他深知一个人的智慧和力量是有限的，只有广泛听取各方面的意见，才能做出明智的决策。

在唐太宗统治时期，他特别重视臣子的谏言。他设立了一个特殊的官职叫作"谏议大夫"，专门负责向皇帝进谏。这些谏议大夫可以自由地表达他们的观点和看法，即使这些观点与唐太宗本人的想法不同，他也能虚心接受。

有一次，唐太宗要发动一场战争，但许多大臣都认为此时发动战争并不合适，因为国家的经济还没有完全恢复，军队的士气也不高。这些大臣纷纷向唐太宗进谏，希望他能够重新考虑这个决定。唐太宗听取了这些意见后，经过深思熟虑，最终决定放弃这场战争，改为发展经济，增强国家的实力。

经过一系列整改，国家的经济实力有所上升，军队力量变得更强，百姓生活质量也越来越高，大唐也变成了那段时期最厉害的一个国家。

唐太宗和北魏皇帝拓跋宏的经历类似，他们的做法，并不是无能的表现，而是一种决策智慧，二者都善于倾听大臣的意见，知道如果国家想要发展，就不能只靠自己。同样地，二人的做法也是一种用人智慧，如果国家的所有事情都是由决策者来决定，那么底下的人就会懈怠，再精明能干的人也会生出怠惰心理，古语有言："用进废退。"一把好剑，如果不拿出去作战，只用来观赏，那么几百年后这把剑就会变成一堆破铜烂铁，而如果善于利用，这把剑经过岁月的打磨，就会变得越来越锋利，成为一把利剑。做事也一样，如果做事全凭自己，那么身边有智慧的人就如同一把观赏的剑而不能发挥真正作用，只有好好利用，他们才能够成为自己的利剑。

事实上，生活中处处都能够集思广益，我们的同事、朋友、父母都是我们能去询问意见的人。可以说，我们每个人都有一张属于自己的社交网，想要让这张网能够覆盖到更全面的地方，我们就要不断拓展自己的思维，丰富自己的才能，而只要我们愿意去倾听身边人给出的建议，我们就能够将这张网扩大，弥补许多我们自己都没有考虑到的漏洞。

4. 沉着应对，理性分析做选择

任何事物都有其发展的规律，要想制定正确的战略，就要沉着冷静应对，理性分析当下的状况，找出事物发展的规律。冷静的头脑不仅能够帮助我们理性分析当下所面临的危机，也能够帮助我们看到更长远的未来，从而做出正确合理的决策。只有这样，我们才能做到领先于别人，不被突如其来的意外所干扰。

保持冷静也意味着在决策过程中避免情绪化。我们应该基于事实和数据来做出判断，而不是让个人情感左右选择，这样才能更加客观地评估各种方案的优劣，选择最符合长远目标的路径。冷静的头脑是每个人在复杂多变的世界中导航的重要工具，它能够帮助我们更好地理解世界，做出明智的选择，并最终实现人生目标。

三国时期，蜀国痛失街亭这一战略要地。魏国名将司马懿得知此消息后，立即率大军向诸葛亮所在的西城进逼。诸葛亮此时身边仅有文官数名，原本5000人的军队也已有一半被派去运送粮草。当众人得知司马懿大军压境的消息时，无不惊慌失措。然而，诸葛亮却表现得异常冷静，他下令将城中的旌旗全部收起，严令士兵不得擅自外出或大声喧哗，违者立斩不赦。接着，他打开四个城门，每个城门处仅派遣二十名士兵扮作百姓，洒水扫街，营造出一种城中没有士兵的假象。而他自己则披上鹤氅，戴上纶巾，携琴登上城楼，焚香抚琴。

当司马懿的部队抵达城下时，看到这种景象，不敢轻易入城。司马懿闻讯后，决定亲自前往察看。当他离城不远时，果然看到诸葛亮端坐在城楼上，神态自若地弹琴。城门内外，仅有二十多名百姓在低头洒扫，司马懿心中疑惑重重，但还是下令全军停止前进，赶紧撤退，他的儿子司马昭不解地问："父亲，难道诸葛亮真的无兵可用吗？"司马懿回答道："诸葛亮智谋过人，他这样做定有深意。我们若贸然进城，恐怕正中其下怀，还是速速撤退为妙！"

就这样，在诸葛亮的巧妙布局下，司马懿的大军不战而退，西城之围得以解除。诸葛亮再次以他的智谋和胆识，为蜀国避免了一次战争。

诸葛亮不愧是古代第一谋士，他的沉着冷静诠释了什么

是"莫听穿林打叶声，何妨吟啸且徐行"的处世态度，换作别人，面对司马懿的大军或许早已败下阵来，可诸葛亮却能够在双方实力差距悬殊的情况下，沉着冷静分析当时局面，并且找到一条没有死伤的退敌道路。他的战略思维告诉我们：不管当下所面临的情况有多么糟糕，只要冷静沉着面对，总能够找到一条突破当前局面的道路。

谢安，字安石，是东晋时期的一位杰出政治家和军事家。当东晋朝廷面临重大变故时，谢安被召入朝廷，肩负起了拯救国家的重任。进入朝廷不久后，前秦皇帝符坚率领数十万大军南下，意图一举灭掉东晋。面对前秦的强大攻势，东晋朝廷上下人心惶惶，许多将领都主张投降。然而，谢安却表现出了极度的冷静和理性。他深知投降只会让东晋更加屈辱，只有奋起抵抗，才有可能赢得战争的胜利。

谢安首先分析了敌我双方的形势。他认为前秦军队虽然人数众多，但长途跋涉、疲惫不堪，且内部存在矛盾，而东晋军队虽然人数较少，但士气高昂、团结一致。他制定了以逸待劳、诱敌深入的战术，利用地形和天气等因素，消耗前秦军队的战斗力。同时，他还积极调动东晋各地的军队和民众，加强防守和反击。

在战争过程中，谢安始终保持着冷静和镇定。他亲自坐镇指挥，不断调整战术和兵力部署，确保每一场战斗都能取得胜利。他还通过书信等方式与前线将领保持密切联系，及时传达指示和命令。在他的指挥下，东晋军队逐渐扭转了战局，最终在前秦军队溃败之际发起了猛烈的反击，取得了淝水之战的胜利。

谋士之所以受到帝王们的敬佩，是因为他们有着超越常人的处世观和战略思维。纵观历史我们可以发现，不管是在什么情况下，最能保持冷静和沉着的人，可能不是帝王，也不是文臣，而是他们身边的谋士。可以说，阅历深的谋士，在事情突发的时候就能够想到好几种解决当前困难的方法。所以，我们在日常生活中，想要在面对困境时能够迅速找到解决方法，就要不断锻炼自己的胆量和见识，所谓"见多识广"就是这个道理，只有经历得多了，我们才不会被突如其来的事情打乱阵脚，才能冷静分析当下的局面。

但是，生活中总有意外，内心再强大的人，都无法做到对事事都保持冷静，这是正常的。保持冷静的目的有二：一是为了让自己能够更加理性地分析当下的状况；二是不让外人通过情绪抓住我们的把柄。可人本就是一种感性动物，事事都保持冷静，是不可能的。所以，我们在锻炼自己胆量和提高自己的理性思维的同时，也需注意不要被这种思维所掌控，要让自己成为情绪的主人，从而针对不同情况，不轻易表露出自己的情绪。

5. 厘清目标，不被外界所诱惑

人都是有目的性的，不管做什么，都带着自己的目的和渴望。我们总是为了大大小小的目标而活着，吃饭是为了满足我们的生理需求，读书是为了满足我们的精神需求，与人交往则是为了满足我们的心理需求……正是这种种需求驱使着我们不断向前发展，不断为了自己追求的目标而奋斗。但我们在前行的道路上，总会遇到各种各样具有诱惑力的事物，这些事物让我们容易偏离原来的路线，让我们在做选择时，会因为各种各样的原因而被绊住脚步，被其他诱惑牵着鼻子走。若要摆脱外界对我们的诱惑，则提升我们的思维尤为重要。

能够厘清目标，我们在做决策时就不会盲目地相信别人。世界上能够坚定本心的人不多，不少人都是趋利避害的，只要在前行的道路上听到一点不好的风声，就会对自己所行之路感到疑惑迷茫，就好比想要创业，在创业路上我们总会听到各种各样的声音：有说创业难的，有说创业是要靠背景的，有说创业需要很多的钱……不少人因为这些声音而选择放弃。但总有人不会，这些人最后实现了自己的目标，完成了创业，不管有人说了什么，他们都始终以自己的目标为先，他们的成功靠的就是对目标的坚持。

春秋时期，鲁国有一名宰相叫作公仪休，因为他博学多才，备受各位大臣和皇帝的喜爱。

公仪休这个人没什么别的爱好，他人尽皆知的爱好就是吃鱼，所以不管是朝廷之上还是乡野民间，都有许多想要依附他的人给他送鱼。可公仪休一次也没有收过，甚至严词拒绝别人送的鱼，让大家都对他的喜好捉摸不透。

有一次，他的学生实在感到好奇，就问他："先生这么喜爱吃鱼，为什么不接受别人送来的又肥又美的鱼呢？"公仪休回答道："正是因为我喜欢，所以才不能接受别人送来的鱼。如果是我自己的，我吃它是理所当然，但如果是别人送的，不仅玷污了我对喜爱之物的执着，还会让我对送鱼来的人产生迁就心理。一旦有了这种心理，人就容易做出一些不合乎律法的事情，而一旦触碰律法的底线，我的官职就容易被罢免。到了那个时候，即使大家都知道我喜欢吃鱼，也不会有人给我送鱼了，并且我可能靠自己都吃不上鱼了。而现在，我不接受大家送来的鱼，我就不会做出违反律法的事情，我的官职就不会被罢免，自己也可以给自己提供鱼来吃。"

他的学生听后恍然大悟，原来先生爱吃鱼却不收鱼，这是在坚守自己为国为民的阵地，不被外界所干扰啊！

吃鱼事小，但吃鱼背后却牵扯到很大的道理。其实，公仪休的目的不在吃鱼，而是在于遵守法律、道德，如果接受了别人送的鱼，那就等同于接受了贿赂、阿谀奉承等行径。身为一个时时刻刻为国家发展而考虑的贤臣，公仪休是绝对不会允许自己做出这样的妥协让步的，而正是因为他坚守自己的本心，他的仕途才会一帆风顺。

战国时期，赵国北部时常受到匈奴侵袭，当时驻守北部边疆的人叫作李牧，是赵国的一名大将。李牧是一名杰出的将领，驻守边疆期间，他骁勇善战，带领着军队为赵国赢得了许多场战争的胜利，但是，由于匈奴势力太大，实力又强，所以李牧在面对匈奴时，更多时候采用的是智取而并非蛮力。

当时赵国的国君是赵孝成王，因为李牧为国家立下过赫赫战功，赵孝成王非常敬佩李牧，将国家的未来托付在他身上。但是，李牧在边境的情况赵孝成王却无从知晓。后来，他听到匈奴人说，李牧因为懦弱，所以一直不敢对匈奴发起攻击，赵国和匈奴之间，还是匈奴实力更强。这句话在赵孝成王的心里埋下了种子，他开始怀疑李牧的能力，特别是得知李牧常年在边境训练军队，却没有发起大的攻击后，赵孝成王彻底发怒了，他急忙派人送信让李牧返回朝廷，并且夺了他的兵权，让其他人代替他去前线作战去了。

自从李牧走后，前线的战况一次不如一次，之前李牧还在的时候，前线的军队至少每天都是整装待发、跃跃欲试的状态。李牧走后不过一年，军中氛围就萎靡不振，有的将士甚至已经当逃兵离开了。赵孝成王得知这一情况后，才明白李牧对前线的重要性，他连忙去找李牧，希望李牧能够返回前线作战。李牧回去后，继续采用之前的策略，军中士气回涨，取得了多次胜利，李牧也因此被封为武安君。

李牧和赵孝成王的目标都是为了保家卫国，让国家不再受到外来的侵扰，李牧坚持了下来，可赵孝成王却受小人撺掇，一时间忘记了本身的目的，急于求成，最终白白浪费了几年的时光。这个故事告诉我们：外界的力量很容易让我们偏离原来的路线，看不清原来的方向，从而迷失自己，但只要及时纠正，就不会出什么大差错。

在生活中，我们也时常会有和赵孝成王类似的经历。学生时期，我们会因为贪玩和懒惰而忘记学习的目标；工作时期，我们会因为无聊和麻木而忘记奋斗的目标；更有甚者，到了老年时期，我们会因为年龄和精力限制，而忘了处世的目标。但任何事情都不是那么绝对，并不是一偏离路线，就会造成无法挽回的后果。只要我们能够及时醒悟，找到原来的路线，我们就不会酿成大错。只有脱离了路线还不醒悟的人，才会尝到自己种下的恶果。

总结下来，坚持自己的目标能够让我们不听信小人谗言，做出正确的选择，也能够让我们时刻保持本心，不被外界干扰。"天将降大任于是人也，必先苦其心志……"想做出一番大事业的人，如果连坚持自己的目标都做不到，也就无法承担上天所降下的大任。而想要做到坚持，我们就要时刻对自己进行反省，在面临利益诱惑的时候，想想自己到底想要什么，只有这样，我们才能明确自己前行的方向，从根本上解决问题。

攻 心 为 上 胜 攻 城

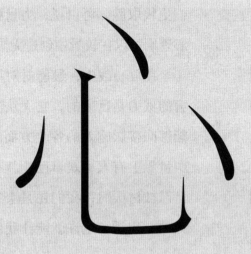

1. 言之有理，话有逻辑才能赢得人心

　　攻心，简单来说，就是和对手打心理战。在战场上，运用好对手的心理，就能为己方创造更多的机会。在己不如人时，心理战能够帮助我们反败为胜；在彼此相当时，心理战能够帮助我们更胜一筹；在强于对手时，心理战能够帮助我们更快取胜。可以说，力量强大是较量中的绝对优势，善用心理则可以在较量中创造无限机会。

　　在攻心战中，最能对对手心理产生影响的就是语言。语言的威力是巨大的，它无法直接给人带来肉体上的伤害，但能够间接影响人的各个方面。好比生活之中，我们虽然常念叨世界上有人喜欢自己，就有人会不喜欢自己，但每次听到自己被讨厌时，我们还是会有愤怒、生气的情绪，有时候别人的一句话，也许就能让我们茶不思、饭不想。而语言之所

以会对我们造成这么大的影响，是因为语言最能传达人的情感。它能够温柔似水，也能够利如刀刃；能够蕴养人的心灵，也能够撕开人的伤口。所以，语言就是我们的一把利剑，必要时可以帮助我们破千军、斩万将。

东汉末年，曹操为了实现一统天下的霸业，决定率领大军南下，将孙权和刘备一网打尽。孙权虽然占据了江东，但是听说曹操要前来讨伐，内心还是感到害怕，恰好这个时候，刘备派遣诸葛亮出使东吴，希望能够和孙权联手共抗曹操。

诸葛亮来到东吴后，面见了孙权，他深知孙权也在犹豫。一方面，孙权害怕曹操南下，吞并东吴；另一方面，他也害怕负隅顽抗会落得更悲惨的下场。因此，诸葛亮告诉孙权："现在的形势对我们十分有利。"眼见孙权投来疑惑的目光，诸葛亮就知道孙权上钩了，于是继续说道，"曹操虽然实力强大，但是军队内部矛盾重重，经过长途跋涉来到南方，士兵们早已疲惫不堪。并且，江东多水，曹操的军队从没有打过水战，只要我们在江上和他们抗衡，就能够取胜。"眼见孙权有所动摇，诸葛亮继续说道，"请不要再犹豫了，如果我们不联合，曹操南下，最终会把我们逐一攻破，到时候谁也逃不掉家破人亡的下场，只有我们联合，才能有扭转乾坤的机会。"诸葛亮言辞犀利，句句诛心。他巧妙地利用孙权的心理，通过一番言辞让孙权认识到了曹操的野心和威胁，说明了联合抗曹的紧迫性和重要性。孙权被诸葛亮的言辞所打动，最终决定与刘备联合，共同抵抗曹操。

诸葛亮的语言智慧体现在他能够对孙权循循善诱，让孙权逐渐落入自己的圈套里。他先是直截了当地告诉孙权当前的形势，让孙权陷入紧迫的氛围里，又说出曹操的弱点，让孙权内心产生动摇，紧接着权衡了双方的利弊，给孙权最后一击，让他在不知不觉中，就与自己达成了共识。看似简单的几句话，就能够让一个人完全信服，这正是善用语言的魅力所在。

战国时期，各国纷争不断。当时，楚国有意称霸天下，眼见情况紧急，秦国就派遣张仪去楚国进行游说。楚国是当时实力非常强劲的一个国家，张仪来到楚国后，面见了楚王，他先是拿出了事先准备的一张精心绘制的地图，上面详细标注了楚国的领土范围，然后对着楚王说："敝国现在实力非常强劲，并且有楚国的地图，如果我们想，就可以轻易攻下楚国的城池。"眼见楚王被唬住了，他继续说，"现在秦国无非是想要和楚国结盟，如果楚国不同意，我们就会派兵攻打你们国家，到时候楚国就等着灭亡吧。"楚王听完了张仪的陈词，感到非常震惊，他担心实力强大的秦国真的会对楚国发起攻击，立马就开始设想结盟的可能性，张仪见状，继续加大攻势，他说："现在楚国虽然十分强大，但还是无法战胜秦国，如今我国有意结盟，我们一起将秦、楚之外的国家吞并，就可以保证楚国的安全。"楚国在权衡利弊后，最终决定与秦国结盟，派遣使者前往秦国，与秦国签订了盟约，也正是这一决定，让秦国的实力进一步增强。

语言往往能够在不知不觉中瓦解对手的心理防线，而想要做到这一点，我们就要善于观察对手。再怎么能说会道的人，如果一直在说对方不想听的内容，他的能言善辩在对方耳里就是废话连篇。有时候提前观察对手，在说话的时候抓住对方感兴趣的点，才能够让对方跟着自己的思维走。张仪就是紧紧抓住了楚王的内心，说了楚王一直在意的话题，才能够将楚王带进自己设置好的陷阱之中，让他达成与秦国合作的意向。

语言最厉害的一点在于，它能够引起人的共鸣。当我们听到某一个人讲述他的经历时，往往会将自己代入主人公的角色，尝试将自己融入对方所处的环境和氛围当中，感受对方的情绪。为什么演讲总是能够打动人心？演讲者手握的只有一个话筒，他在台上时，做得最多的就是讲话，他也只能讲话，也正是因为这样，观众不会将自己的注意力放在其他东西上面，而是放在他的言语上。观众很少能够从他的肢体语言中感受到他的情绪，但能够从他的言语中和他共鸣。一段激励人心的讲话，总是让我们热血沸腾；一段煽情的演讲，总是让我们潸然泪下。好好学习语言的艺术，一个人就能够拥有千万个人的力量。

所以，想要做到用言语打动人心，我们不仅要学会如何将话表述明白，做到言之有理，也要学会观察对手，尝试用言语抓住对方内心的敏感点。只有两者结合，才能够形成有效的对话，真正利用对方的心理，让其发自内心佩服我们，愿意与我们交流、合作。

2. 展示实力，外露利爪威慑对手

在古代，国与国之间的战争中少不了威慑，每个君主都在背后默默壮大自己国家的实力，以便在战场上向外显露可信的力量，降低被针对的风险。通过展示实力，我们可以向对手传递明确的信号：己方实力不容小觑，若想交战请三思而后行。并且，展示实力可以打乱对方的步伐，有时候可以消灭对手对我们的不轨之心，可以向对方传达出：不管你们怎么做，我方都有绝对的力量来应对挑战。

展示实力，并不意味着虚张声势。虚张声势就像是纸糊的老虎，在昏暗的环境中，它能够有效地击溃对手的心理防线，但是在明亮的环境中，稍有不慎就会被识破，虚张声势对环境的依赖不可忽视。但展示实力却是硬铁板，不管在任何环境下，我们自身所拥有的力量都不会改变，好比我们脑袋里装的知识，别人夺不走，我们却能够不断从外界汲取新的，这些知识就构成了我们的绝对实力，能够帮助我们在必要时刻挺过难关，威慑对手。

古语有言："月满则亏，水满则溢。"我们在展示实力的时候，也要注意分寸，有时候展示过多的实力，就会让对手抓住把柄，要知道，我们展示实力是为了威慑对手，让对手感到害怕，而不是炫耀自己，带有目的性地展示实力，才能够精准地命中敌方的软肋，过多地展示实力，就会让敌方感到麻木，不再对己方感到害怕。

战国时期，有一位名叫更羸的弓箭手，他的箭术精湛，无人能敌。一天，更羸和魏王一起出游，两人在一片开阔的草地上散步，欣赏着周围的风景。突然，一群鸿雁从远方飞来，它们排成整齐的队形，在天空中翔翔。更羸看着这些鸿雁，对魏王说："大王，我可以不用箭矢，仅凭弓弦之声就能将天上的鸿雁射落下来。"魏王听后十分惊讶，他觉得这简直是不可能的事情，但看着更羸自信满满的样子，他决定让更羸试一试。

更羸于是从侍卫手中接过弓箭，拉满了弓弦，但并没有搭上箭矢。他静静地等待着，目光紧紧盯着那群鸿雁。突然，他松开了手，弓弦发出一声清脆的响声。就在这一刹那，一只孤雁从空中坠落，犹如一颗流星划过天际，最终掉落在地上。魏王看得目瞪口呆，他完全不敢相信这是真的。他走到更羸面前，问他是如何做到的。更羸解释说："大王，您看那只孤雁，它飞得比其他雁都要低，而且鸣声凄惨。这是因为它之前受过伤，伤口尚未痊愈，所以无法像其他雁一样正常飞行。而且，它因为受伤而跟不上雁群大部队，孤独无依，心中充满了恐惧和不安。当我拉满弓弦时，它误以为我要射箭攻击它，心中更加害怕，于是心跳加快，导致伤口裂开，最终因为体力不支而坠落。"魏王听后恍然大悟，对更羸的箭术和智慧赞不绝口。

在看到更羸信誓旦旦地保证自己能射下飞雁时，我们内心都感到疑惑，为什么他能够如此有信心？但在后来看到更羸对雁群的分析后，我们又无不赞叹他的智慧。在这则故事中，双方比拼的并不是力量，而是智慧，因为更羸没有向天空中射箭，仅靠着自己睿智的分析，便准确地抓住了孤雁的软肋，让孤雁在害怕和惊慌中落地。

从这则故事中我们也可以发现：展示实力，威慑对手，不仅能够让对手感到害怕，还能够让友军对我们更加敬佩。在与人斗争中获得主导权，在与人交往中获得优先权，我们展示实力的目的就达到了。

在我国四大名著之一《三国演义》中，记载了这样一则故事。东汉末年，天下大乱，董卓擅权，他残忍暴戾、祸乱朝纲，弄得百姓苦不堪言。当时，关东十八路诸侯准备一起讨伐董卓，然而，他们在汜水关前遭遇了董卓的部将华雄的顽强抵抗，一时间，诸侯国组成的军队损失了很多人马。

华雄代表了董卓的最高战力，面对如此强劲的对手，各路诸侯也不知道该如何应对。听到这一情况，关羽自告奋勇，挺身而出。当时，所有人都被他的勇气所震撼，要知道，寂寂无名之辈怎么能敌得过华雄，然而，关羽丝毫不在意。为了嘉奖他的勇气，曹操特地为他准备了一杯"壮胆酒"，希望关羽不要害怕，平安归来。然而，关羽看了看那杯滚烫的酒，大笑一声说："酒且放在这儿，我去去就回。"于是提刀上马，只带着少数的士兵，就冲向了战场。在战场上，关羽与华雄展开了一场决斗。没想到短短几招过后，华雄就败下阵来，关羽抓住机会，一刀斩下了华雄的头颅，而军营那边，曹操等人本来都认为关羽此趟有去无回，没想到关羽提着华雄的脑袋回来了。在他回来的时候，曹操给他热的那杯酒甚至还是温的，这一壮举不仅震惊了在场的所有人，也极大地鼓舞了联军的士气。

虽然这是一则虚构的故事，但是也说明了勇于展示实力的重要意义。在绝对的实力面前，一切恐吓都是在虚张声势。其实，关羽出场的时机正好，他斩华雄之时，正是联军集结在一起的时候，早不去晚不去，偏偏在所有人都在的时候去。一方面，所有人的希望都在他一人身上，他给自己带来压力的同时，也给自己带来了动力；另一方面，如果他能够取胜，顺利斩下华雄的头颅，就能够鼓舞所有人的士气，而不单单指这一路人马的士气。所以，关羽的出场是有预见性的，而正是因为他展露了自己的实力，才让己方士气大幅增加，一举歼灭敌方士兵。

所以，向外展示实力，对敌我双方都有巨大的影响，在给敌方造成巨大的心理压力的同时，我方也能够在无形之中占据优势。好比我们在竞争时，如果听说对手都是这场竞争中的佼佼者，我们就会感到压力；而如果对手都是无名之辈，能力也不出众时，我们就会觉得轻松。针对敌方弱点展露自己的实力，是一种自信和信念的体现，适当展露自己的实力，能够帮助我们更快取胜。

3. 善用感情，勾起别人的恻隐之心

　　每个人都有弱势的一面，再怎么坚强的人，在感情中都有不堪一击的弱点，在生活中，我们常常遇到被感情所困的人。善良的人对儿童、动物都有着特殊的感情，在与这些人或事物相处时，往往能够激发他们最柔弱的一面；冷酷的人内心也有柔软的地方，因为在温暖的环境下，冰块终会融化，只是相较于善良的人，他们的脆弱点并不好寻找。而在竞争中，只要我们能够找到对手内心深处的脆弱点所在，用一系列方法勾起他的恻隐之心，我们就能够轻松取胜。

　　一般来说，恻隐之心有两种情况：一种是对方本就对某一个事物或者人物较为敏感，这个时候勾起对方的恻隐之心就比较容易，因为只要找出让他敏感的人物或者事物就可以了。好比对一个看重亲情的人，在他面前提起与父母亲相关的话题，就能让他内心有所触动。另一种是没有特殊感情的人，这种人对任何事物都不敏感，就要靠我们后天努力，让他对我们产生感情，这样我们与他共事会方便很多。

孟尝君，战国四公子之一，以善于招揽门客而著称。他曾任齐国相国，门下食客多达数千人。据说，孟尝君为了招揽门客，不惜花费重金和心思。有一次，孟尝君的一个门客因故要离开他，孟尝君问他离开的原因。门客回答说，自己因家中老母病重，需要回去照顾，但无奈路途遥远，路费不足。孟尝君听后，便命人取出黄金百两，送给门客作为路费。门客感激涕零，表示将来一定报答孟尝君的恩情。然而，孟尝君的门客众多，且经常有人因各种原因离开。为了保持自己在门客心中的良好形象，孟尝君想出了一个办法。每当有门客要离开时，他都会亲自送出大门，并询问门客离开的原因。如果是因为家中贫困或遇到困难，孟尝君就会慷慨解囊，赠送路费或财物，帮助门客渡过难关。这样一来，孟尝君的名声越来越大，越来越多的门客慕名而来。这些门客对孟尝君的感激之情也越发深厚，他们愿意为孟尝君效命，甚至不惜牺牲自己的生命。孟尝君也因此成了一位极具影响力的政治家和军事家。

孟尝君就是通过自身的行为勾起了别人对他的恻隐之心，

从而得到了更多的门客，交到了更多的朋友。在与人交往时，善用心理并不代表利用心理，这里的善用心理是一种积极的、正面的、不完全站在自己的角度考虑的处世谋略。如果孟尝君只想让自己获利，他完全可以只做做样子，不付出更多的实际行动，不过，如果他真的只是做做样子，他也得不到那么多为他鞠躬尽瘁的门客。可以说，人的感情是等价交换的，他的善心让他能换来别人的赞誉和敬佩。

范雎是战国时期著名的政治家和军事家，他早年在楚国受到了权贵的迫害，被迫流亡秦国。后来，他成了秦国的丞相，手握重权。而须贾则是楚国的使者，他曾在楚国时与范雎有过一些恩怨。当须贾出使秦国时，范雎得知了这个消息。他故意换上破旧的衣服，私下里找到须贾，向须贾展示自己的落魄和不幸。须贾看到范雎的悲惨遭遇，恻隐之心发作，便给范雎一件厚袍子以帮助他过冬。范雎则借此机会向须贾表达了感激之情，并表示愿意放下过去的恩怨。后来，须贾得知了范雎的真实身份和地位，感到非常震惊和害怕。他为了乞求活命，甚至光着身体在范雎面前叩头谢罪。范雎则告诉须贾，他之所以放过须贾，是因为须贾曾经给过他一件旧袍子，正是那件旧袍子，让他认可了须贾的人品。范雎认为，具有这种善良品质的人应该得到回报，因此他决定放过须贾。

须贾无意之中的善举，让范雎放下了往日的恩怨，两人对对方都有恻隐之心，正是因为须贾同情在前，范雎施恩在后，两人的恩怨才能一笔勾销。这则故事同样向我们揭示：在生活中我们要多行好事，善用感情，这样在自己遇到危难的时候，才能够通过别人的恻隐之心来躲避危险。

恻隐之心是人类共有的情感之一，它源于对他人的同情和怜悯，是一种最为简单的心理战略。在人际交往中，我们可以运用这种艺术来增进彼此的了解和信任，建立和谐的人际关系。在商业领域，我们也可以运用感情策略来赢得客户的信任和支持，提高销售额和市场份额。善用别人的恻隐之心，我们就能够在自己与他人之间建立起桥梁，在关键时刻保全自己。

4. 分化制衡，瓦解对手势力

扰乱敌情，除了从对手本身入手，还有一种方法就是瓦解对手的势力。古往今来，单凭自己就能在战场上取得胜利的国家少之又少，更多的国家靠的是多方势力的联合，盟友一旦变多，蚂蚁也能撼动大树。

我们常说团结起来才能获胜，在一个团队里，每个部门各司其职，团队就能运作，但如果切断团队各部门之间的联系，整个团队的运营就会立马瘫痪。所以，面对势力众多的对手，只有将对方的势力打乱成一盘散沙，我们才能逐渐削弱对手的实力，成功取胜。

破坏对手的势力，最简单快捷的方法就是运用分化制衡之策。巧妙施展这一策略，少则能让对手少一个盟友，大大削弱对手的势力，多则能让对手的盟友变成我们的盟友，反而进一步增强我们的势力。在博弈中，当我们的对手出现两个及两个以上合作者时，分化制衡就显得至关重要，我们可以通过合理引导，巧妙布局，制造矛盾、冲突等方式让双方的合作关系瓦解，从而破坏对手的保护盾，为己方赢得先机。

有的人不相信别人会轻易被这一策略影响，站在客观的角度来看，当一个人试图干预别人关系时，总是表露得十分明显，这种带有目的性的行为，容易让人警觉。但是，站在主观的角度来说，一个人并不会完全信任自己的盟友，想要为自己留一条后路，就必须凡事都留一手。在这种情况下，自然会对另一个人释放的关键信息上心。当他人所言在自己这里得到证实，分化制衡就成功了。所以，从内部突破对手其实并不困难，面对我们的对手时，要好好运用这一策略。

田单是战国时期齐国的一位杰出将领，他在燕军攻齐的战争中表现出了非凡的军事才能和智慧。在即墨之战中，他成功地守住了即墨，为齐国的生存和发展赢得了宝贵的时间。

在战争中，田单深知乐毅是燕军的重要将领，对燕军的战斗力有着至关重要的影响。因此，他采用了分化制衡的策略来对付乐毅。

田单利用燕军内部的矛盾和乐毅与燕惠王之间的不和，在燕军中散布谣言，说乐毅之所以没有攻下即墨，是因为他想在齐地称王。他进一步宣称，由于齐人还未服从乐毅，所以他才暂缓攻打即墨。这些谣言成功地传到了燕惠王的耳中，使得燕惠王对乐毅产生了怀疑和猜忌。在这种背景下，燕惠王决定用骑劫代替乐毅为将。乐毅因此感到恐惧和不安，担心回国后会遭到杀害，于是逃往赵国。

田单实施的这一策略不仅削弱了燕军的战斗力，也为他在接下来的战争中取得胜利创造了有利条件。在失去了乐毅这位重要将领后，燕军的战斗力大受影响。田单趁机利用火牛阵等战术，成功地击败了燕军，收复了齐国失地。这一胜利不仅展示了田单卓越的军事才能和智慧，也奠定了他在齐国历史上的重要地位。

信息的力量是巨大的，在信息尚且不发达的战国时期，巧妙传递的信息就能轻易影响一个团体。在分化制衡中，信息就是一把绝佳的利刃，能够巧妙地切断敌军之间的紧密联系。田单之所以能够快速让燕国从内部开始分离，就是因为掌握了敌人的信息，知道从哪一个人入手会瓦解敌军的力量。由此可知，分化制衡可以作用在对手的方方面面，大至敌军的盟友，小到敌军内部，都能够用这一策略来瓦解。

战国时期，各国之间为了利益与霸权明争暗斗。当时的秦国一直在寻找机会削弱其他国家的实力，特别是与秦国对立的齐国与楚国。齐国和楚国本是结盟的关系，为了瓦解双方的关系，秦惠王派出能言善辩的纵横家张仪出使楚国。

张仪来到楚国都城，觐见楚怀王。他首先向楚怀王展示了秦国强大的实力与富庶，让楚怀王心生敬畏。接着，张仪巧妙地引出了自己的计划："大王若能与齐国断绝外交关系，臣请秦王献出商於之地六百里。"楚怀王听后大喜过望，他认为这是一次难得的机遇，既可以得到秦国的土地，又可以削弱齐国的实力。于是，楚怀王不顾大臣们的反对，决定与齐国断绝外交关系，并派出使者前往秦国接收土地。然而，当使者到达秦国后，张仪却称病不出，使者连续三个月都未能见到张仪的面。

楚怀王开始焦急起来，他担心秦国反悔，于是又派出使者去齐国辱骂齐王，以显示自己与秦国的坚定联盟。齐王得知楚怀王的所作所为后大怒不已，他认为楚怀王背叛了双方的联盟关系，于是也决定与楚国断绝外交关系，转而与秦国结盟。楚国顿时陷入了孤立无援的境地。

分化制衡不依赖于正面的冲突，而是通过精心策划的言辞和行动，让对手与合作伙伴的关系产生裂痕。这种策略的精髓在于洞察对手的弱点，利用其内部的矛盾和欲望，巧妙地操纵局势，使之朝着有利于自己的方向发展。

这种策略的运用，关键在于把握时机和度，以及对人心的精准洞察。通过散布不利于对手的信息、夸大事实等，可以有效地破坏对手的团结，削弱其力量。这种手段十分隐秘，能够在悄无声息中改变双方力量的对比，为最终的胜利铺平道路。

5. 乘胜追击，一鼓作气以溃军

人与人交往向来遵从"礼遇"原则，君子之间的斗争往往都是浅尝辄止，不会拼个你死我活。同理，在战场上，双方士兵也会不约而同遵从这一点，所以，在战败时，输方经常就抱有侥幸心理，认为对手不会乘人之危。但这一点并不是国与国之间进行战争必须遵守的约定，获胜者放过对方一马是情分，也可以看作警示，让对手知道我们不能随便招惹，要是下次再敢来犯就不会这么简单。在生死搏斗中，胜利方往往都是越打越有动力，如果不想给对手一个体面，大可以在对方战败后乘胜追击。试想一下，如果我们身为战败方，在战败的时候军心就已经涣散，此时整个军队的心理防线不堪一击。对手若是穷追不舍，我们在还未被歼灭时，就已经自暴自弃了。

很多人将乘胜追击看作一个战斗策略，其实乘胜追击也是一个心理策略。在战略层面，乘胜追击能够打乱敌人的部署，使其无法组织有效的反击，从而为自己争取更多的时间和空间。在心理层面，这个策略能够使落败方感到恐惧和绝望，从而加速其失败的过程。心理战就是不断刺激对手的投降心理，让对手感到害怕，从而达到让对手缴械投降的目的。对被追击方来说，乘胜追击不管是从哪一个方面都做到了这一点。人在害怕时都会选择躲避，此时就算是纸老虎也能够轻松将他击败，如果追击方再紧追不舍，这个人的心理防线就会彻底崩溃。

鲁庄公十年（前684），齐国与鲁国在长勺展开了一场战役。当时，鲁国有一个名叫曹刿的人，他出身乡野，但立志去前线帮助鲁国夺取战争的胜利。在开战前夕，曹刿找到了鲁庄公，说明了自己的来意，鲁庄公和他交谈了一番，就决定让他前往长勺指挥战争。

在战斗打响之前，鲁国的士兵准备击鼓鼓舞士气，曹刿及时阻止了，并说明了缘由：一鼓作气，再而衰，三而竭。这才没让鲁国的士兵击鼓。果不其然，齐军在三次击鼓后士气大衰，这个时候曹刿就命令士兵击鼓，鲁国的士兵在听到击鼓声后，直扑敌阵，势不可当，最终击败了齐军。在齐军大败、狼狈而逃后，鲁庄公想要下令乘胜追击，但曹刿阻止了他。曹刿下车仔细查看了地面的齐军兵车轨迹，并攀上车前横木，观望敌军退走的情形。在确认齐军是真败而非佯败，且没有强大援军接应的情况下，曹刿才建议鲁庄公下令追击。最终，鲁军乘胜追击，成功地将齐军全部赶出国境。

鲁国的乘胜追击，瓦解了齐国征服鲁国的野心，从逃跑时的车辙可以看出，在兵败时，齐国就已经慌不择路了，此时鲁国的乘胜追击对齐国士兵是致命的打击。从这则故事中我们可以看出：有时候，我们也要好好利用敌人在濒临崩溃时的心理，在这个时候，敌人正处于最虚弱害怕的阶段，只要善用这一点，即使对手比我们强大，我们也能够有制胜的机会。

西晋在司马炎的领导下，国力日益强盛，而东吴则因为内政的腐败和将领的纷争而日渐衰落。西晋为了统一全国，决定发动对东吴的战争。战争初期，西晋军队在杜预、王濬等将领的指挥下，采取了分兵合击的战术，多路并进，向东吴发起猛烈进攻。东吴军队在初战中便遭到了严重打击，损失惨重。然而，东吴将领陆抗等人仍然顽强抵抗，试图挽回败局。在战争的关键时刻，西晋军队并没有因为初战的胜利而放松警惕，反而更加紧密地配合，乘胜追击。他们利用东吴军队的混乱和士气低落，迅速出击，不断扩大战果。在追击过程中，西晋军队还采取了火攻等战术，对东吴军队造成了更大的打击。在连续的战斗中，东吴军队逐渐失去了抵抗能力。陆抗等将领虽然奋力抵抗，但终究无法挽回败局。最终，在西晋军队的猛烈攻击下，东吴的都城建业被攻破，东吴皇帝孙皓被迫投降。

西晋军队在初战取得胜利后，并没有选择停下来休息或者过于自信而放松警惕，而是选择了乘胜追击。他们利用东吴军队的混乱和士气低落，迅速出击，不断扩大战果。这种乘胜追击的战术，使得东吴军队在连续的战斗中逐渐失去了抵抗能力，最终导致了东吴的败亡。这个故事说明，在战争中，一旦取得胜利，就应该立即利用这个优势，迅速扩大战果，不给敌人喘息的机会。因为胜利往往会带来军队士气的高涨和信心的增强，而失败则会导致军队士气的低落和信心的丧失。因此，乘胜追击可以最大限度地利用胜利带来的优势，进一步削弱敌人的力量，增加自己的胜算。

"乘胜追击，一鼓作气"不仅是一种战术，更是一种精神。它告诉我们，在取得胜利时，我们不能骄傲自满，更不能停步不前。我们要保持高昂的斗志和旺盛的战斗欲望，不断前进，直到彻底摧毁敌人。这种精神不仅是战争中的胜利之道，更是我们在日常生活中面对困难与挑战时的重要品质。在生活的战场上，任何一次小小的胜利都可能成为改变战局的关键。因此，当取得优势时，我们必须果断出击，乘胜追击，不给敌人任何反扑的机会。只有这样，我们才能确保最终的胜利。

同时我们也要注意，在乘胜追击时，我们要保持清醒的头脑，盲目追击可能陷入敌方的圈套，因此我们应该判断好形势再决定要不要追击。就像曹刿一样，在敌人离开时观察车辙的形状。此外，我们在做斗争时也要保持谦虚谨慎，不管是追击之前还是之后，都不应该骄傲自满，认为敌人被击败了己方就获胜了，要知道，在事情还未尘埃落定之前，一切胜利都是暂时的，想要守住胜利，就得在尘埃落定之前保持冷静、谦虚。

六

捭

灵 活 运 用 "开" 与 "合" 的 策 略

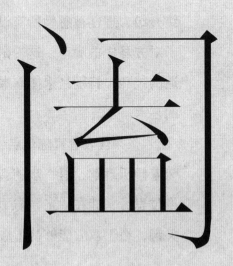

阖

1. 有效沟通，在张弛之间化解矛盾

在面对冲突与分歧时，我们往往不自觉地站在道德的制高点，以批判者的姿态审视对方，坚信自己无误，却忽略了对方亦持有相同的自我认知。双方僵持不下，都是因为各执一词，渴望对方认同自己的立场，导致矛盾久拖不决。当情绪升级、理性被感性所淹没时，即便是最合理的论据，也成了对方耳中的噪声。这一困境的根源，在于我们缺乏有效沟通的技巧，特别是未能掌握在"张"与"弛"之间巧妙转换的艺术。

"张"代表着直陈观点、积极表达的勇气，而"弛"则意味着倾听理解、退一步的智慧。有效沟通的核心，在于学会换位思考，即在"张"与"弛"之间找到平衡。解决冲突的关键，在于双方能够静下心来，共同商讨对策。若我们能先按下内心的冲动，以耐心和同理心去倾听对方的声音，或许就能避免许多不必要的争执升级。退一步不仅能让视野更开阔，更能为问题的解决创造空间。很多时候，我们的愤怒源自胜负心的驱使，当期望与现实不符时，便容易产生不满与烦躁。

在与人沟通时，提升对方对我们的信服程度至关重要。这要求我们不仅要言之有理，更要言之有物，能够触动对方的心弦，让其在"张"的坚定与"弛"的柔和之间找到共同之处。如此，我们才能真正做到以理服人，化解矛盾，躲避危机。

乾隆时期，有一位名叫纪晓岚的官员。一天，天气非常炎热，纪晓岚在编撰《四库全书》时，因为太热而将衣服脱了下来，可没想到此时乾隆皇帝突然走进了屋中，纪晓岚来不及穿衣，就躲在了桌子底下。乾隆皇帝看到后，故意装作没看见，想看看纪晓岚会有什么反应。过了良久，纪晓岚听见外面没有了声响，就问道："老头子走了吗？"但没想到他刚从桌子底下向外一瞥，就看见乾隆皇帝坐在他的位置上。乾隆皇帝严肃地看着他说："纪昀（纪晓岚的本名）不得无礼。"纪晓岚看见乾隆皇帝吓了一跳，连忙从桌底下钻出，找了件衣服披上，向乾隆皇帝磕头请罪。

乾隆皇帝并没有立刻惩罚他，而是说："别的可以原谅，但称呼我为'老头子'就不能原谅，你给我讲讲这老头子的来历，讲得明白，我就不罚你，讲不明白，你就难逃一死。"这句话让纪晓岚旁边的人都为他捏了把冷汗，纪晓岚先是想了一会儿，然后说："且慢！听我说，皇帝是万岁，所以称之为'老'，皇帝是万民之首，所以称之为'头'，皇帝又是天子，所以称之为'子'，所以把皇帝叫作'老头子'，是没有错的。"乾隆皇帝听完后哈哈大笑，不仅没有惩罚纪晓岚的无礼，还称赞他口若悬河。

纪晓岚与乾隆皇帝的这段轶事，深刻诠释了捭阖的智慧。面对突如其来的尴尬局面，纪晓岚先是避其锋芒，藏匿桌下以避皇威；而当乾隆皇帝质疑时，他又适时展现伶牙俐齿，巧妙地将"老头子"三字拆解为对皇帝至高无上的颂扬，展现了非凡的智慧和君臣间沟通的艺术。有效的沟通既能化解突如其来的矛盾，又能增进彼此的感情，是达成和谐与共识的重要途径。

春秋时期，晋国和秦国准备联手攻打郑国。两国的军队已经兵临城下，郑国形势危急，再不做出应对的措施就要被两军侵略。在这个时候，郑国的大夫佚之狐向郑文公推荐了烛之武，说："现在情势危急，只有这个人才能够换来我国的一线生机。"于是，郑文公就召烛之武觐见，希望他能够作为郑国的代表去游说两个国家退兵。

烛之武本身就是一个有抱负的人，奈何以前一直不被重视，以至于才能一直没有得到发挥。在这个危难关头，烛之武听说了郑文公的请求，先是拒绝了一番，但最终被郑文公的恳切所打动，同意前去游说。郑文公见状，不久就安排了人将烛之武从城墙上放了下去，秘密前往秦军大营。

烛之武见到秦穆公后，先是向秦穆公分析了当前的局势，告诉他如果秦国帮助晋国灭掉郑国，那么郑国的土地就会变成晋国的土地，而秦国在其中得不到任何好处。他提议，要是秦国能够放弃攻打郑国，那么秦国的使者在来往郑国的过程中，郑国会提供一切物资，这对秦国来说有百利而无一害。紧接着，烛之武又讲述了秦国和晋国两国之间的历史恩怨，进一步激化了双方的矛盾。

烛之武言辞恳切，秦穆公被他说服，最终决定放弃攻打郑国，并与郑国结盟。同时，他还派了杞子、逢孙、杨孙等人驻守郑国，以确保两国之间的友好关系。

尽管处于弱势的一方，烛之武也敢于冒风险救国家于危难之中，他所依靠的就是三寸不烂之舌。与强劲的对手打交道的可怕之处在于，我们根本没有多少话语权和机会。只要对方不想和谈，我们就只能处于劣势位置，所以，在与这部分人交谈时就更需要张弛有度。他先是冷静分析，指出秦助晋攻郑无利可图，随后巧妙利用秦晋旧怨，激化矛盾。在张弛之间，烛之武不仅展示了有效沟通的精髓，更以国家利益为纽带，成功说服了秦穆公，从而挽救郑国于危难之中。

有效沟通是化解矛盾、促进和谐的精髓。在沟通中，我们既要明确表达立场与观点，展现坚定与力量，这是"张"的艺术；也要倾听理解、缓和气氛，展现灵活与包容，这是"弛"的智慧。通过精准把握沟通对象的心理与需求，适时调整沟通策略，我们能在保持原则的同时，找到双方利益的交汇点，从而化解矛盾，达成共识。这样的沟通方式，不仅能够解决眼前的冲突，还能为长远的合作与发展奠定坚实的基础，是人际交往中不可或缺的重要能力。

2. 藏露有道，控制锋芒以处世

　　贤者一直强调中庸之道，要求人不管在什么时候都要做到不偏不倚，过犹不及。在处世时，把握好自己的锋芒尤为重要，因为位高容易遭人嫉妒、惹人非议。古往今来，能者从来都是低调的，抛头露面容易让人眼红，所以贤者在处世时，往往外柔内刚、润物无声。

　　藏和露并不是对立的，把握好两者之间的度，就能够安然处世。一般来说，藏是一把量尺，要求我们做事不要超过规定尺度；露是一把刀，要求我们把握时机。我们在生活中面对的是大众，这个时候就要藏，将自己的荣誉、地位、能力藏起来，就不会被人针对；而一旦遇到伯乐，就要将自己露出来，机会往往不等人，等待别人发现自己的才能，远远不如将自己的才能展现出来更容易被人看到。

事物发展没有巅峰可言，太过于追求极致往往会物极必反。一个人藏得太深，最终只能孤芳自赏，空有才华；一个人露得太多，最终就会刀尖舔血，适得其反。我们一生中最大的追求就是实现自我价值，完成自我追求，学习是为了将来能够施展自己的才华。如果有能力的人不能发挥出其价值，那么有再多的能力也是没有用的。同样地，如果过于吹嘘自己的价值，那么总会有以自己的能力无法处理的事情。所以，日常生活中，我们不妨慢下来，在实现一个目标的时候停下来想一想，到底是该继续做下去还是收敛锋芒。

三国时期，东吴名将陆逊以其深邃的谋略和卓越的才能著称。然而，他在处理事务时，总是表现得谦逊内敛，不轻易显露自己的锋芒，这种处世哲学在他与关羽的较量中体现得淋漓尽致。当时，东吴大都督吕蒙因病无法统率军队，孙权便任命陆逊暂代其职。陆逊接任后，并没有急于展示自己的才能，而是采取了"藏锋守拙"的策略。他故意示敌以弱，不表现出对关羽的威胁，以麻痹敌人。

为了更好地实施这一策略，陆逊在给关羽的信中，刻意使用了阿谀奉承的言辞。他称赞关羽英勇善战，威震华夏，是天下无敌的猛将。同时，他还表达了自己对关羽的敬仰之情，并承诺东吴将严守边界，不会侵犯荆州。关羽收到信后，果然被陆逊的言辞所迷惑。他认为陆逊只是一个平庸之辈，不足为惧。于是，他放心地调兵遣将，全力攻打襄阳，企图扩大自己的势力范围。然而，就在关羽全力攻打襄阳之际，陆逊却趁机率领东吴的精锐部队，偷袭了守备空虚的荆州。由于关羽的军队主力都在前线作战，荆州城内的守军无法抵挡东吴的进攻。最终，荆州被东吴成功占领，关羽也败走麦城，最终命丧东吴之手。

在战场上，军队的规模是获胜的基础，隐藏的实力是获胜的关键。这则故事告诉我们：我们在任何时候都不能轻敌，也许看上去很平庸的人，只是在隐藏自己的锋芒而已。那些一眼就能够看出水平来的人，往往不足为惧，而那些让我们看不透的人，才是最厉害的角色。所以，不要小瞧任何一个默默无闻的人，也不要将自己认为骄傲的东西展示人前，做一个旁观者，有时更能看清整个棋局。

西汉时期，有一位重要的大臣名叫卫绾。汉文帝时期，他是一名中郎将。汉景帝时期，他先是担任河间王太傅，后又在平定七国之乱中立下赫赫战功，升任中尉，加封为建陵侯。卫绾不仅在军事上有所建树，在政治上，他主张无为而治，重视培养少年汉武帝的品德和才能，希望他日后能够成为一个好君主。汉武帝开创了西汉的鼎盛时期，让西汉的疆域领土、发达程度达到了一个前所未有的广度和高度。尽管卫绾一生之中拥有很多成就，立下了许多功名，但他仍然低调无闻，只是默默付出，守道而已。

此外，卫绾还特别注重个人修养的提升，他始终保持着低调的态度，就是因为这样，所以皇帝有什么事都敢放心地交给他。有一次，汉景帝准备赏赐他一把宝剑，卫绾却说："先帝已经给微臣赏赐过很多把宝剑了，如今您又要赏赐臣，臣不能够再接受了。"汉景帝见状大为称赞，感叹卫绾的低调处事和不露锋芒的态度，而正是因为这样谦虚谨慎的态度，让卫绾在日后的政治斗争中保全了自己。及至汉武帝即位，卫绾就被封官嘉赏，成了汉武帝时期的一名丞相。

能够得到皇帝器重，但不受到同僚非议，卫绾成功做到了这一点。他所展示的才华恰好能让皇帝器重他，又恰好没有遮掩其他人的才华，所以他能够成就一番大事业。我们处世时也要有这种智慧，不要让自己成为别人嫉妒的对象，不要掩盖他人的锋芒，在与人相处时站到那个平衡点，不偏不倚，才能受人敬重。

藏露有道不仅是为人处世的一种手段，更是天地之间的一种法则，我们常说"该出手时就出手"，真正的智者能够审时度势，在该施展自己才能的时候尽情施展。但是，生活中这样的人不多，在现代社会里，不少人急于求成，做事往往三分钟热度，没有耐心去等待。殊不知，机会往往是留给有准备的人，只有耐得住寂寞，等得起结果，才能够在机会到来时尽情施展自己的才华。

想要做到藏露有道，我们就要学会等待，在快节奏的时代之中，慢生活并不是脱轨的一种体现。只有慢下来，才能好好欣赏周围的景色；只有慢下来，才能不错过每一个机会。但是，不错过机会不等于抓住机会，能让我们发挥能力的地方有很多，有时候我们要对这些机会进行筛选，将没有必要的机会留给更需要的人，这样才能做到藏，而将需要的机会留给自己，这样就做到了露。只有明白了这个道理，才能做到藏露有道。

3. 知晓进退，能屈能伸才能游刃有余

能屈能伸，指的是在身处逆境时不气馁，失意时能够忍耐，在身处顺境时能够施展才华，实现自己的抱负。所谓大丈夫能屈能伸，能够做大事的人，必然能够忍受糟糕的环境。我们常说：人需要有一定的韧性，处世要圆滑，做事要灵活。有时候宁死不屈并不适用于每一个场景，适当地屈服或许才是最佳良药。在面对民族危亡、退无可退的时候，宁死不屈展现出来的是民族气节，但如果事情还有回旋的余地和转机，那么能屈能伸展现出来的就是谋略。只有好好衡量二者之间的关系，才能够立足于社会。

越王勾践的事例或许算是一个典型的事例：面对国破家亡之痛，他选择了忍耐，等待东山再起，这是他的屈服；但他将这份仇恨铭记在心，日夜筹划，这是他的不屈。可以说，

能屈能伸和宁死不屈有时候可以相互融合，屈服是我们暂时的妥协，但在屈服之中磨砺自己却是不屈的意志。

为什么能屈能伸的人，能够与他人打得有来有回呢？试想一下，在与敌人较量的过程中，我进敌退，我退敌进，我方永远都不知道对方真正的实力，是不是不敢贸然下决断？这个时候，一旦我方因为失去耐心而急迫地下决断，必然会被另一方抓住马脚。能屈能伸不仅可以磨砺自己，在某些场合还能够折损敌人，让敌人看不清我们的真正实力，探不到我们的真实想法，才能够找到对方的弱点，进而主动出击。

韩信是西汉时期的开国功臣，他自幼失去父母，孤苦伶仃，周围很多人看不起他。少年时，他曾在淮阴的市集上，遭到了一群恶少的当众羞辱。其中一个屠夫对韩信嘲讽道："你虽然长得很壮实，也时常佩带着刀剑，但你不过是在虚张声势罢了，你的内心其实就是一个胆小鬼。你要是真有看上去这么有本事，你就拔出你的刀来刺我；你要是没本事，就从我的胯下钻过去。"周围的人听了此话纷纷起哄，嘲笑韩信，认为他不敢接受这个挑战。韩信面对这样的羞辱，心中虽然愤怒，但他深知自己无能为力，并且对面人多势众，硬拼必然吃亏。于是，他忍住自己的愤怒，当着众人的面，从那个屠夫的裤裆下钻了过去。在场的人都嘲笑韩信，认为他胆小如鼠，没有勇气面对挑战。

然而，韩信并没有因此而气馁或沮丧。相反，他将这次的屈辱深深地刻在了心里，化作了自己前进的动力。他更加刻苦地训练自己，不断提高自己的能力和智慧。最终，他凭借着自己的才华和勇气，成了西汉的开国功臣，为汉朝的建立立下了赫赫战功。在韩信立功之后，他的名声也逐渐在民间传开，以前那个欺负过他的屠夫听说后十分害怕，认为韩信会回来报仇，但没想到，韩信找到他时，封他为护军卫，并对他说："没有当年的'胯下之辱'，就没有今天的韩信。"

韩信忍受胯下之辱让人称赞的原因不仅仅在于他能够在该示弱的时候就示弱，更在于他能够将曾经遭受过的苦难化作自己的财富。如果将能屈能伸当作处世的第一层境界，那么善待苦难就是第二层境界，所谓智者多谋，这个"多"就体现在我们对往日痛苦的转化。能成大事的人，不仅可以淡然面对所遭受的危难，还可以在事后选择放下，以积极的态度去面对世界。

晋文公重耳是春秋时期晋国的君主，他在成为国君之前，曾经历过长达十九年的流亡生涯。在流亡期间，重耳和他的随从们辗转于各诸侯国之间，寻求庇护和支持。他们曾经遭受过许多人的白眼和冷遇，甚至有时连基本的温饱都无法保证。然而，重耳始终保持着坚定的信念和决心，他相信自己总有一天会重返故国，夺回属于自己的王位。

在流亡的过程中，重耳还经历了许多次生死考验。有一次，他们在一座山上遇到了强盗的袭击，在激烈的战斗中，重耳的随从们为了保护他而奋力拼杀，最终虽然成功地击退了强盗，但重耳也身受重伤。然而，他并没有因此而气馁，反而更加坚定了自己的决心。在流亡的过程中，重耳还遇到了许多好心人，他们帮助重耳渡过了许多难关，使他得以继续前行，其中最为著名的是介子推。介子推是重耳的一位忠臣，他在重耳流亡期间一直跟随在他的身边。有一次，重耳因为饥饿而晕倒在路上，介子推为了救他，不惜割下自己大腿上的肉来熬汤给他喝，这份忠诚和牺牲精神深深地感动了重耳和他的随从们。

经过十九年的流亡生涯后，重耳终于得到了秦国的支持并成功返回晋国。他凭借着在流亡期间积累的经验和智慧，以及秦国的强大后盾最终夺回了王位，并成了春秋时期的一位杰出君主。

重耳的故事也告诉我们：不管过去经历过多大的苦难，在成功到来时，这些苦难都是我们的垫脚石。好比一个人童年时遭遇不幸，他会铭记这份不幸，将它化作自己奋斗的动力。能屈能伸中的伸，不仅是指施展自己的才华，也代表着对过去的原谅。

想做到能屈能伸，就要不断磨砺自己的心性。在现代社会中，我们所面临的压力比古时更大。当我们进入人生中的不同阶段时，总会遇到一些不公平、不顺心的事，如果将每一件事情都当作自己的苦难，那么我们的人生中就会充斥着抱怨。但如果能够将这些苦难转化成我们前行的动力，那么这些苦难不但不能将我们打倒，而且会让我们离成功更近一步。

4. 见机行事，把握时机，做到进退有度

　　"时机"在我国古代是被讨论得最多的话题之一，我国古代谋士对"时机"的研究不少，由此而提出的"天时地利人和"，认为时机是由天来决定的，因为时机不能被创造，至少人类是无法创造时机的，只能尽可能地利用它。所以，人能够做到的只有等，等待时机的到来，而在等待的过程中也要明白，时机不会停下脚步，一旦遇到好的时机，要学会好好把握。

　　翻阅大量历史文献，我们可以发现，很多战争都是因为胜利方抓住了好时机，才造就了胜利的局面。若是没能抓住时机，错过了上天给的机会，哪怕晚一分一秒，可能都会导致成千上万人死亡，甚至一个国家覆灭，所以才有了"机不可失，时不再来"的说法。而抓住了时机，并不代表着胜利，

我们要清楚地知道，时机是一个机会，并不是结果，好比在工作中，我们无意之中获得了一个能够晋升的名额，但也不能因此觉得晋升是板上钉钉的事情，我们要意识到机会的来临是上级对我们的考验，只有抓住这个机会，继续拼搏，才能够将最后的成功收入囊中。

　　刘邦称霸后，建立了汉朝。当时，他将自己同父异母的弟弟刘交封为楚王，号称楚元王。楚元王在年轻时，曾经有几个至交，分别是鲁国的穆生、白生、申公，几人之间情谊深厚。尽管当上了楚元王，刘交与几人的交往也没有减少，甚至将几人召回身边，赐给他们官职。此外，楚元王还经常将所有人聚起来设宴，其中，穆生因为不能喝酒，楚元王每次设宴，都会为穆生专门准备一壶甜酒。然而，好景不长，楚元王在不久后就撒手人寰。他的儿子当了四年楚王之后也去世了。楚元王的孙子戊继承了王位，成为新的楚王。

　　在继承王位后，戊本来也按照楚元王的做法，对穆生三人礼遇有加。但是随着时间的推移，戊有了懈怠心理，不想对祖父的朋友这么好，尤其是穆生。在一次宴会上，戊忘记了给穆生准备甜酒，穆生注意到后，就开始揣摩戊的心思，他通过观察戊的行为，察觉到戊可能对几人已经不怀好意，于是他心中警铃大作，立即采取了行动，对申公和白生说："我们可以离开了，楚王已经不再准备甜酒，说明他对我们的礼贤之意已经懈怠，如果再待下去，别说甜酒了，恐怕我们的性命都得交待在这里。"申公和白生虽然有些惊讶不解，但看见穆生如此坚定，还是决定相信他，于是，穆生对外假称自己有病，离开了楚国。

并不是所有的时机都会让我们从低维度跳跃到高维度，有时候，我们从危难中脱身也需要时机。人在面临与穆生同样的境遇时，往往摇摆不定，有的人无法忍受重返平淡生活的寡淡，有的人放不下当前的功与名，所以他们即使注意到了楚王的举动，也会以事不关己的态度去面对，总认为自己拥有的一切对方都无法抢走，就像申公和白生一样。而反观穆生，他时刻都记得曾经的生活，时刻都在警惕楚王的加害。像他这样能够通过楚王的反应见机行事、及时脱身的人，必然能逃脱灾难。

郑庄公是郑国的一位重要君主，在出生时，他因脚先出来，使得其母武姜受到了惊吓，因此，武姜给他取了一个特殊的名字"寤生"，并且从此对他产生了深深的厌恶。与郑庄公形成鲜明对比的是他的弟弟共叔段。武姜偏爱共叔段，甚至希望他能继承国君之位。她多次向郑武公请求，希望立共叔段为世子，但郑武公始终未允。当庄公即位后，武姜对共叔段的偏爱并未减少。她再次为共叔段谋求封地，希望他能拥有更多的权力和资源。庄公在考虑了多种因素后，决定将京邑封给共叔段，让他在那里居住，并尊称他为"京城太叔"。

然而，共叔段并未满足于此。他在京邑开始修缮城郭，集结百姓，甚至修整盔甲武器，准备兵马战车。他的种种行为都表明，他有着不可告人的野心，意图对郑国国都不利。更令人震惊的是，武姜甚至打算为他开城门做内应，帮助他实现其野心。面对这种情况，庄公并未立即采取行动。他选择了等待和纵容，因为他知道，只有等共叔段真正露出马脚时，才能一举铲除他的势力。当共叔段真正起兵叛乱时，庄公认为时机已经成熟，于是果断命令子封率领大军前往京邑讨伐。由于庄公之前的纵容，使得共叔段在百姓中失去了民心。因此，当大军到来时，京邑的百姓纷纷背弃他，使他陷入了孤立无援的境地。最终，共叔段在逃亡至鄢城后，仍被庄公追击至共国，其叛乱彻底失败。

在与人斗争时，还是得讲究沉稳，如果不沉稳，可能选择的时机就不对，容易造成不好的后果。如果郑庄公从一开始就置共叔段于死地，他将会面临社会的谴责和良心的不安，只有让大众看见共叔段丑陋的一面，只有共叔段的行为暴露在所有人的视线之下时，再发起攻击，才不会受到阻拦。而在等待时机的过程中，郑庄公也在不断提升自己的实力，增强自己在百姓心中的信誉，为还未到来的时机做好准备。

　　所以，想要把握时机，收获成果，首先得保证自己的力量十分强大。夸夸其谈是没有用的，只有拿出实际成果，才能够将机会套牢。为什么有的人总抱怨别人抢走了自己的机会？因为他们自己没有足够的能力将机会一直把握在自己手中，真正的强者不会任由机会从手中流失。人们往往只能看见一些人的成功，却看不见他们在成功前有多么拼搏努力，只有不断提升自己的实力，才能够在机遇到来时好好把握。

5. 以柔克刚，刚柔并济

　　"天下莫柔弱于水，而攻坚强者莫之能胜，以其无以易之。"天下没有什么比水更加柔软，但是也没什么能够比水更加坚硬。从物质层面看，只要给予一定的条件，水便能变成任何形状，这是它的柔软所在，而水又是唯一斩不断的物质，尽管可以将一条水流分成多条，它们也终会在下游汇聚，这是它的坚硬所在；从精神层面来看，世界万物都能干预水的形成，这是它柔软的一面，但"水能载舟，亦能覆舟"，又显现出它刚强的一面。人在一生之中，只要能够做到像水一样，以柔软之姿面对刀剑，就能够化干戈为玉帛，平波涛为止水。

　　"柔"与"刚"从古至今一直都被运用在各个方面。打太极拳时在动作上讲究不紧不慢，刚柔并济，以柔克刚，看似缓慢的动作却蕴含着极大的能量，能者能将力量化为无形，藏在一招一式之中，以柔软面对刀光剑影。而这种以柔克刚的态度，也常常被贤者用在处世之中。人生在世，总会遇到各种困难和挑战，如果总是以强硬的态度去对抗，往往会适得其反，使自己陷入更加被动的境地，而以柔克刚，用柔软和包容的心态去面对生活中的种种不公和挫折，往往能化解矛盾，解决问题。

蔺相如是战国时赵国的一位官员和外交家，他以智勇双全和出色的外交手腕著称，廉颇则是赵国的一位名将，以勇猛善战和忠诚于国家而广受赞誉。在赵国与秦国的外交斗争中，蔺相如多次代表赵国出使秦国，并成功地达成了一系列协议和条约，维护了赵国的利益。特别是在"完璧归赵"事件中，蔺相如凭借自己的智慧和勇气，成功地将赵国的国宝和氏璧从秦国带回，为国家立下了大功，赵王封他做上大夫。然而，由于蔺相如的官职在廉颇之上，引起了他的不满和嫉妒。他多次想要羞辱蔺相如，以显示自己的地位和能力。但蔺相如并没有直接与廉颇发生冲突，而是选择了回避和容忍。他深知赵国需要的是团结和稳定，而不是内部的争斗和分裂。在廉颇得知蔺相如以国家安危为重，对他容忍谦让后，廉颇深感惭愧。他意识到自己之前的行为是多么愚蠢和狭隘。于是，他亲自到蔺相如的府上请罪，并表达了自己的悔过之意。蔺相如则宽容地接受了廉颇的道歉，并与他握手言和。从此之后，蔺相如和廉颇成了至交好友。他们共同为赵国的繁荣和稳定而努力工作，为后世留下了千古佳话。

站在高处，就不会只看见一隅的风景；纵观全局，就不会受困于片面的观念。自古以来，文与武到底谁更胜一筹一直都是人们讨论的话题，古代也有过很多重文或者重武的时代。文武作为阵营的双方，在同一朝代中一直都是对立的关系，很少有人能够将两者捆在一起，特别是这人还身处阵营之中。而蔺相如身为一个文臣，能够考虑到这个方面，知道廉颇作为武将，是国家必不可少的一部分，如果双方起矛盾，别的国家就有机可乘，所以面对廉颇的刁难，他采用的是以柔克刚的方式，最终打动了廉颇，双方达成一致，共同守卫着国家的和平。

春秋时期，齐国的晏子奉命出使楚国。楚王在事前得知晏子身材矮小，就想借题发挥来羞辱齐国，下令在城门旁挖了一个狗洞，让晏子从狗洞里进城。

晏子到了楚国后，见到了那个狗洞，就对接待他的人说："只有出使狗国才从狗洞里进去，我来的是楚国，应该从城门里进去。"接待他的人无话可说，就打开城门让他进去了。等到他到了宴会上，见到了楚王，楚王问他："齐国派你来，难道是没有人了吗？"晏子回答说：

"怎么会！齐国的首都住满了人。大家挥一挥袖子，就是一片云；大家甩一把汗，就是一片雨。街上的人走着，肩膀擦着肩膀，脚尖碰着脚跟，怎么会没有人呢？"楚王又问他："齐国既然有这么多人，那怎么把你给派来了？"晏子装作很为难的样子，说："您这个问题，我实在不好回答。要是说实话，我怕您降罪于我；要是不说实话，我又是在欺君。"楚王见状，说："你有话直说，我不惩罚你。"晏子拱了拱手，说："齐国有个规矩，访问上等的国家，就派上等人去；访问下等的国家，就派下等人去。我最不中用，所以被派到这儿来了。"说着他故意笑了笑，楚王只好赔着笑。

晏子的回答不得不称为精妙，每一个回答都看似平常，却绵里藏针，将楚王想要加在他身上的刁难都如数奉还。在我们的一生当中，也会遇见类似的情况，当对方的权力地位高于我们时，我们往往会无法应对对方的刁难，采取妥协的态度。晏子在去之前肯定预料到楚王会为难他，但不知道会用哪种方式，他能够在面临三次刁难时从容不迫，以柔克刚，反击得恰到好处，说明晏子的反应能力和口才已经超越常人。如果好好运用以柔克刚的方法，我们也能够在面临同样的情况时，巧妙化解危机。

想要做到以柔克刚，就要拥有处事不惊的态度，不管是与人发生争执，抑或是遇见不公平的事情，在对方绝对强劲的实力面前，以柔克刚是唯一能够化解危机的方法。与人争执时，以柔克刚使我们能够冷静地分析问题，寻找解决问题的最佳途径，而不是被情绪所驱使，做出冲动的决定；遇见不公时，以柔克刚使我们能够保持冷静，不被愤怒和怨恨所蒙蔽，以更加理性和客观的态度去面对问题。以柔克刚不是一种消极的逃避，而是一种积极的应对，它要求我们在保持冷静和理智的同时，运用智慧和策略去应对挑战，通过巧妙的方式化解对方的攻势，从而达到化解危机的目的。

七

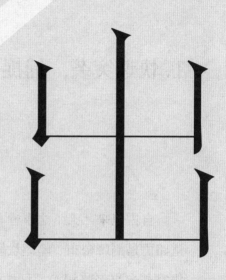

出其 不 意 的 谋 略

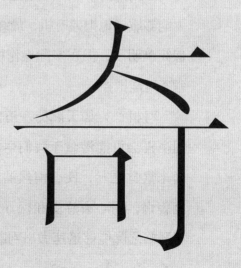

1. 快速突袭，捕捉住稍纵即逝的战机

自古以来，天下之事皆非易事，那些追求伟大事业者，其道路更是荆棘密布、崎岖坎坷。宋代文学家欧阳修在《送张洞推官赴永兴经略司》一词中云："自古天下事，及时难必成。"此句深刻地揭示了一个至理名言——即便在重重困境之中，只要能够敏锐地把握时机，最终亦有可能实现目标。然而道理看似简单明了，但在实际操作中往往难以践行——时机非常人、常态所能把控。

时机，宛如天际的一道闪电，其出现与消逝皆在瞬息之间。机会可能潜藏于我们生活的每个角落，然而往往在我们尚未察觉之际，便已悄然溜走。因此，我们必须时刻保持高度警惕，用心去感受和探寻那些稍纵即逝的时机，以便在时机降临之际能够迅速做出判断，并付诸行动。

正因时机稍纵即逝，当关键时刻来临之际，唯有果断出击、迅猛突袭，方能乘机遇之风，于战事中一举制敌，实现最终的胜利；于生活中得道攀升，实现人生的追求。

　　唐朝元和十二年（817），淮西节度使吴元济发动反叛，朝廷面临重大挑战。唐宪宗李纯虽派遣大军围攻淮西，但战事持续，久攻不下，使得朝廷陷入了进退两难的境地。在战局僵持之际，李愬站了出来，主动请求前往前线。他深知，要打破僵局，必须出奇制胜。经过深思熟虑，李愬决定采取雪夜奇袭的战术，利用风雪交加的夜晚掩蔽行踪，发动突然袭击。在一个月黑风高的夜晚，李愬率领精锐部队悄然出发。他们身着白色战袍，在雪花的掩护下，悄无声息地接近了蔡州城。当李愬的军队突然出现在城下时，敌军被吓得惊慌失措，守军纷纷溃散。李愬抓住战机，立即命令士兵们发起冲锋。士兵们士气高昂，奋勇杀敌，很快就打开了缺口，冲入城内。城内敌军在突如其来的攻击下乱作一团，无法组织起有效的抵抗。经过一场激战，李愬的军队成功占领了蔡州城，并俘虏了吴元济。战斗结束后，李愬并没有停止追击。他派出斥候探明敌军撤退的路线，然后亲自率领骑兵追击。在追击过程中，李愬的军队再次展现出了强大的战斗力，他们一路追击敌军数十里，最终将残余的敌军全部歼灭。此战过后，淮西之乱得到了彻底的平定。唐宪宗李纯对李愬的功绩给予了高度赞扬，并封赏了李愬及其部下。

正是因为李愬拥有常人未有的快速反应，领军在雪夜中披着白色战袍，趁敌人掉以轻心之时发动奇袭，才能打敌军一个措手不及、防不胜防，扰乱敌营军心，振奋己方军队之士气，为战事胜利奠定基础。抓住时机后，李愬并不松懈，打开敌军缺口后，攻击更为迅猛，乘胜追击，最终歼灭敌军。先迅速把握机会突袭，后运用急攻猛进之法追击，使得李愬带领全军出奇制胜。

在唐朝贞观四年（630）的一个深秋，北方边境的紧张气氛越发浓烈。东突厥频繁侵扰边境，使得百姓不得安宁，朝廷也深受其扰。为了维护国家的安宁与尊严，唐朝名将李靖被任命为北伐东突厥的统帅，肩负起平定叛乱的重任。李靖深知此次北伐的重要性，他精心策划，准备充分。他了解到东突厥军队善于骑兵作战，但在夜间防御相对薄弱。于是，他决定采取夜袭的战术，利用夜色的掩护，发动突然袭击，以取得出奇制胜的效果。在一个月黑风高的夜晚，李靖率领着唐朝军队的精锐，悄无声息地接近了东突厥的营地。他们身着黑衣，手持利器，如同暗夜中的幽灵，悄然降临。当东突厥的士兵还在梦乡中时，唐朝军队已经冲破了他们的防线，直扑营地中心。东突厥军队被突如其来的袭击打得措手不及，他们惊慌失措，四处逃窜。然而，在李靖的严密部署下，唐朝军队如同一张巨大的网，将东突厥军队紧紧包围。在一场激烈的战斗中，东突厥军队损失惨重，最终不得不投降。此次夜袭的成功，不仅使唐朝军队取得了辉煌的战果，也极大地鼓舞了士气。李靖凭借过人的胆识和战术，成功地平定了东突厥的叛乱，为唐朝的稳定和繁荣立下了赫赫战功。

李靖针对东突厥军队夜间防御薄弱的特点采取夜袭战略，敌军尚在酣睡中，李靖已然带领军队突破敌营，天罗地网包围敌军，最后东突厥军队不得不投降。叛乱的平定并非在于唐朝军队的骁勇善战，而在于李靖能够合理利用敌方弱点，快速把握机会，迅猛出击，善用突袭一招制胜。

在战争的复杂环境中，快速出击、急攻猛进以取得胜利的策略具有极其关键的战略意义。采取快速出击的战术行动能够迅速打乱敌方的部署与规划，造成敌方的措手不及，进而为我方赢得宝贵的战争先机。通过快速出击，我方能够迅速控制战略要地，削弱敌方的抵抗能力和战斗意志，从而加速战争的进程并决定最终的胜负走向。

快速出击的战略优势显著，主要体现在其能够迅速瓦解敌方防线，打乱其精心策划的作战部署。在军事行动中，时间的价值不言而喻，任何拖延都可能为敌方提供喘息之机，增加其反击与备战的可能性。因此，作为领导者，必须敏锐洞察战场态势，及时把握战机，果断做出决策，并迅速付诸行动。唯有如此，方能令敌方措手不及，有效削弱其作战能力，进而提升我方赢得战争胜利的概率。

在人生的征途上，我们是自身的领导者，而机遇转瞬即逝。机遇的出现往往并非如人所预期，它总是显得那么难以捉摸且不可多得。正因为其稀缺性和不确定性，当机遇真正降临时，我们必须学会敏锐地捕捉、精确地瞄准并果断地行动，迅猛出击，方能把握先机，从而在人生的旅途中赢得更为辉煌的成就。

2. 麻痹对手，静不露机以制胜

《韩非子》有言："山者大，故人顺之；垤微小，故人易之也。"这句话的意思是说：山足够大，人们在越山时，会引起足够的重视，从而小心翼翼前行，最终安全通过；土坡足够小，所以人们往往会忽视土坡的威力，认为其不足为惧，产生麻痹心理，结果往往容易被其绊倒。在谋事时，此话亦可认为是：利用好对手的麻痹心理，可以用较小的损耗达到同样的目的。

会麻痹对手的人，是充满智慧的人。这些人往往更注重细节，在谋划时更能从细节出发，他们会抽丝剥茧般层层剥掉对手的防备心理，等到对方只剩下一具空壳之后，再出其不意地将其扳倒，这个时候即使对方想反击也无能为力，只能望而却步。他们将"麻痹"认作一种智慧，将这种智慧运用到各个方面，从而为己方创造更高的上限。

会麻痹对手的人，是沉得住气的人。这些人往往眼光高远、顾全大局，他们不会因为一时的冲动而造成无法挽回的后果，也不会因为一己私欲而破坏整体的利益。左丘明有言："君子务知大者远者，小人务知小者近者。"成大事的人，目光一定要长远，要考虑到以后的事情，而具体去实施的时候，一定要注重细节，从小事做起。

公元前207年，刘邦率军准备攻打秦国的最后防线峣关。此时的他连打胜仗，气势正盛，并且秦军主力不在峣关，胜利就在眼前。他准备直接强攻，同行的张良却说："秦兵尚强，未可轻。"刘邦对此感到疑惑，便询问张良是否有更好的建议，张良说："希望您先派人在山上多多增设旗帜，作为疑兵，让郦食其、陆贾前去游说秦将，用利益引诱他们。"刘邦于是休整军队，他先是让谋士郦食其携带黄金贿赂守关秦将，前往峣关寻找韩荣。郦食其见到韩荣后，说："秦国被天下所讨伐，可见秦国的统治是多么没有王法，我家主公是天下良主，若是能够借将军的力量拿下咸阳，事后肯定少不了将军的好处。"然而，韩荣听后却选择了拒绝，他说自己享受秦朝的俸禄已久，不能背叛，郦食其的建议他再作考虑，三日后告知结果，郦食其回去禀报了这件事。

刘邦听后大喜，告诉郦食其他们已经上钩，让郦食其在三日后再前往峣关，但等到郦食其到达峣关后，韩荣却说不能同意他们的请求。郦食其夸赞韩荣爱国之心日月可鉴，拿出了事先准备的黄金赠送韩荣，告知他日后好相见，韩荣也顺势收下，以为就此之后刘邦就不会再攻打峣关。

刘邦知道后，就着手做最后的准备。他先是让小兵化装成百姓前往后山放火，又让樊哙拼命攻关，此时的韩荣毫无防备，收下千两黄金后就开始贪图享乐，丝毫没有事先安排军队。于是，在刘邦的前后夹击下，韩荣只好率领军队退回咸阳，刘邦就这样不费吹灰之力赢得了峣关之战的胜利。

峣关本就易守难攻，若是刘邦最开始就强行攻打，必然会损耗更多的兵力和时间。在打与不打的十字路口，他选择了智取峣关，用麻痹对手的方式，逐步攻破对手的心理防线，这让他成功地攻下峣关。由此可见，麻痹对手作为一种谋略方式，运用得好就会受益无穷。

若是在谋略中粗心大意、随心所欲，没有事先安排和考虑，就容易错失机会，要花更多的时间和精力去攻克难题，也容易造成形势的突然转变，即使原先拥有一些东西，也很容易就失去。

春秋时期，晋国与虢国结怨已久，晋国准备攻打虢国，但两国并不相邻，中间隔了个虞国。虞国是晋国攻打虢国的必经之地，而当时虞国、虢国两国交好，这对晋国南扩造成了不小的威胁。晋国大臣荀息于是就想了个法子，建议晋献公贿赂虞国，让虞国给晋国借道。

晋献公先是拿出了自己的两件传家宝：一件是名为"垂棘之璧"的璧玉，一件是名为"屈产之乘"的宝马。他虽然心中有所不舍，但并非没有准备，晋献公的目的是合并虞、虢两国，既然能够合并虢国，那日后再回来合并虞国，也不是什么难事。他派人将两件宝贝送给虞国，请求他们借道，虞公天性爱财，看见两件宝贝就毫不犹豫地答应了晋献公的请求，甚至在晋国攻打虢国的时候，果断背叛虢国给晋国增援。

又过了三年，晋国又准备借道攻打虢国，虞公还是爽快地答应了。这时有位虞国的大臣劝说虞公不要答应借道，否则城门失火，殃及池鱼。虞公以神圣保佑为由否认了他的说法，这位大臣甚至说："晋国合并虞国后拿着虞国的东西祭祀神明，神明也不会吐出之前就祭祀过的东西。"可是他好说歹说，都没能改变虞公的想法。

果不其然，晋国在灭掉虢国之后，转身就在虞国扎营，趁其不备灭掉了虞国，两件宝贝也重新回到手里，拿到宝贝的时候晋献公还说："玉还是那块玉，马却有些老了。"以此来讽刺虞国。

《三十六计》中称"麻痹对手"为"瞒天过海",此计在三十六计中位列第一,足以见此计的重要程度。会麻痹对手,也就意味着会掌控对手的心理活动,能让对手跟着自己的思维走。面对弱势的对手时,在警惕对方麻痹自己的同时麻痹对方,就能够站住自己的脚跟反击对方;面对势均力敌的对手时,运用好对方的麻痹心理,往往会让自己更胜一筹;而面对劲敌时,麻痹对手就能够发挥出自身最大的效用,产生出其不意的效果,扭转乾坤,将局势转危为安。

所以,事事讲究谋略,运用好麻痹对手的这一方法,不仅能够获得良好的收益,关键时还能挽危局于水火之中,成为提升己方实力的一大法宝。

3. 眼观六路，学会抓住对手的弱点

破阵的关键往往隐藏在细节当中，在面临困境时，我们要做到眼观六路、耳听八方，只有注意到隐藏的细节，才能够从困境中逃脱出来。在人生的道路上行走，我们会遇到很多无法预料的情况，有时候看似风平浪静的海面上，往往潜伏着巨大的危机。这个时候，眼观六路就能够发挥出它最大的作用，它可以让我们在危机到来之前就及时躲避，也可以让我们对即将发生的危险做出迅速的反应。眼观六路可以培养我们的反应力，让我们即使行走在刀光剑影中，也能够保全自身。

眼观六路不仅可以保全自身，也能够让我们在面对强劲的对手时，以弱胜强。在与强劲对手的斗争中，我们常常会遇到找不到对方弱点的情况，这个时候眼观六路就能发挥作

用，从敌人的细节入手，我们往往会找到问题的关键所在。

然而，眼观六路并不是要求我们时刻都警惕周围，而是在面临能够对当前局势产生重大影响的局面时，眼观六路，时刻警惕周围的危险。但在局势平稳的时候，这种对周围的敏感有时候反倒会让我们适得其反。过于敏感不仅会影响到我们周围的人和事，也会影响到我们自己。对于他人来说，如果我们过于敏感，有时就会破坏与他人之间的友谊，与他人之间产生隔阂；对于自己来说，过于敏感会影响自己的判断力，让自己在面临很多问题时犹犹豫豫，无法下决断。

在春秋时期的齐国，田开疆、古冶子和公孙接三位勇士因勇猛善战而名声远扬。然而，他们自恃武功高强，对朝廷大臣傲慢无礼，导致朝野不宁。为了维护国家的稳定，相国晏子决定巧妙化解这一隐患。

一日，齐景公设宴款待群臣，晏子提议用从东海采摘的珍稀桃子来奖赏三位勇士。景公欣然同意，便派人前往东海采桃。然而，使者仅带回两个桃子，这令众人陷入尴尬。晏子手持桃子，走到三位勇士面前，微笑着说："大王赐桃奖赏，但桃子仅有两个，三位勇士该如何分配呢？"公孙接率先取桃，田开疆紧随其后。古冶子见桃已尽，愤怒不已，拔剑欲夺。晏子见状，轻叹一声，道："勇士们，何必为一桃而争执？不如各自说说功绩，看谁能真正配得上这桃子。"公孙接、田开疆纷纷自夸功绩，古冶子更是提及自己救景公于危难之中，功绩无人能及。晏子听后，感慨道："三位皆为国家栋梁，各有千秋。然为一桃而争执，岂非让天下人笑话？"三位勇士听后，深感羞愧。他们意识到自己的冲动和幼稚，于是纷纷拔出剑来，以自刎的方式表达悔过之意。景公得知此事后，虽痛惜不已，但也明白晏子的良苦用心。他深感晏子之智与勇，从此对晏子更加信任和依赖。

眼观六路就是要求我们在面对复杂局面时，要具备全面的观察力和敏锐的洞察力，以便能够洞察事物的本质和规律，找到解决问题的关键。在这则故事中，晏子正是通过眼观六路，成功抓住了三勇士彼此相争的弱点，才能够以此为突破口，瓦解三个人之间的关系，从而实现社会的稳定。

东晋时期，天下纷乱，各方势力互相角逐。前秦皇帝苻坚雄心勃勃，意图一统天下，遂率领数十万大军南下，直指东晋的心脏地带，誓要消灭这个强劲的对手。

东晋朝廷面临空前的危机，然而，宰相谢安和将军谢玄等人却并未慌乱。他们冷静地分析了前秦军队的状况，发现其内部矛盾重重，士兵长途跋涉，疲惫不堪，且士气低落。面对这样的对手，东晋军队如果硬拼，必然损失惨重。于是，谢安和谢玄等人决定采取以逸待劳、避敌锋芒的策略。他们命令东晋军队撤至河流的另一侧，坚守阵地，不与前秦军队正面交锋。同时，他们积极调动民力，加固防御工事，准备在合适的时机给予前秦军队致命一击。

　　前秦军队渡过河流时，由于人数众多，加之士兵疲惫不堪，秩序混乱。这正给了东晋军队可乘之机。谢玄亲自率领精锐部队，利用前秦军队的混乱，发动猛烈的攻击。东晋军队士气高昂，将士奋勇杀敌，前秦军队在毫无准备的情况下，被打了个措手不及。战斗异常激烈，东晋军队凭借高昂的士气和精妙的战术，逐渐占据了上风。前秦军队在混乱和惊恐中溃败，损失惨重。最终，东晋军队凭借这场胜利，成功击退了前秦的进攻，保卫了国家的安全。

东晋宰相谢安和将军谢玄等人通过冷静分析，敏锐地观察到了前秦军队的弱点。他们发现前秦军队虽然人数众多，但内部矛盾重重，士兵长途跋涉后疲惫不堪，且士气低落。这些弱点为东晋军队提供了战胜对手的机会。这种眼观六路的能力，不仅体现在对战场态势的宏观把握上，更体现在对敌我双方细节的精准观察上。东晋军队正是通过仔细观察前秦军队的动向、士兵的状态，以及战场环境等因素，找到了对手的弱点，并制定了相应的战术策略。

　　能够眼观六路的人，必然是思维十分敏锐的人，这种敏锐性并非天赋，而是需要通过不断的生活实践来培养和锻炼。

在事情尚未尘埃落定之前，各种可能性并存，尽管我们无法预知每一个细节，但我们可以发散思维，预见更多样化、更全面的潜在情境。所以，我们就需要有意识地培养自己的思维力，尝试在生活中预测未来发展的可能，再通过与现实进行比较找到被自己忽视的细节，以此来培养眼观六路、耳听八方的能力。

4. 打破常规，出其不意才能诈敌

在当前纷繁复杂的社会生活中，我们时常面临着诸多困局与挑战，如何有效应对并寻求破局之道，已成为老生常谈的问题。常言有云"条条大路通罗马"，这深刻揭示了解决问题的方式并非一成不变，而是呈现出多元化的特点，其关键在于我们如何以敏锐的眼光进行选择，并善于灵活运用各种策略，以应对当前所面临的困境。

在非常时期，有非常之方法。应对非常时刻，唯有摆脱常规的枷锁，勇于尝试别具一格的方法，跳出既有框架，另辟蹊径，我们方能真正走出当前困境，洞悉局势，把握动态。但在探索破局之路上，打破常规往往伴随着未知的风险与挑战，我们必须具备坚定的勇气和决心，方能在困境中寻得新的出路，实现突破。

谋略

实现人生逆袭的历史智慧

在历史长河中，无数先贤曾面对非常之困境，并成功找到破局之法。汲取前人的经验与智慧能够帮助我们快速破局，通过深入学习和研究他们的经验与智慧，我们可以为自己的破局之路提供有益的借鉴与启示。

战国时期，赵国与秦国之间纷争不断。某日，秦军大举进攻赵国边境的阏与城，赵国危在旦夕。赵国国君深知形势严峻，急忙调遣名将赵奢率军前往救援。赵奢率领大军自邯郸出发，但行军仅三十里时，他却下令全军停止前进，就地安营扎寨，造成赵军怯弱只想保邯郸的假象。这一举动令赵国上下都感到十分不解，毕竟阏与形势紧迫，为何在此处停下？然而，赵奢却胸有成竹，他早已得知秦军派出了大量间谍潜入赵军之中，企图探听赵军的虚实。于是，他决定利用这些间谍传递假情报给秦军将领。他命令全军不得擅自行动，整日里饮酒作乐，表现出一副毫无斗志、无意进攻的模样。同时，他还特意善待秦国的间谍，让他们将这一假象传递给秦军将领。秦军将领得知赵军懈怠无备的情报后，不禁大喜过望。他们认为赵军无心救援阏与，于是放松了防备，全军上下都沉浸在即将胜利的喜悦之中。然而，就在秦军放松防备的时候，赵奢突然下令全军急行军。他们如同猛虎下山一般，以迅雷不及掩耳之势直扑秦军大营。秦军将士们措手不及，仓促应战。然而，由于之前放松了防备，秦军的士气已经大受影响，战斗力大幅下降。而赵军则士气高昂、斗志旺盛，他们奋勇杀敌、势如破竹。经过一场激战，赵军大获全胜。秦军将士们纷纷溃败而逃，阏与之围得以解除。

面对秦军的凌厉攻势，赵奢没有遵循常规的救援路径，而是大胆打破常规，选择在一个意想不到的地方停下脚步，布下了诱敌深入的局。这一招，不仅是对敌军心理的巧妙运用，更是对战场形势深刻洞察后的果敢决策。赵奢深知，真正的胜利往往隐藏在对手的轻敌与疏忽之中，而他正是那个能够精准捕捉这一良机的智者。

赵奢的诈敌之计之所以能够成功，关键是因为他能够出其不意，让秦军措手不及。在秦军将领沉浸在即将胜利的喜悦中时，赵奢却已悄然完成了从懈怠到突袭的华丽转身。他利用秦军间谍这一双刃剑，将假情报转化为制胜的利器，让敌人自以为掌控了战局，实则已一步步踏入了他布下的陷阱。这场战役，不仅是赵奢个人军事才能的辉煌展现，更是对"出奇制胜"这一战略思想的生动诠释。它告诉我们，在战场上，唯有敢于打破常规，勇于创新，才能在关键时刻扭转乾坤，赢得最终的胜利。

三国时期，孙权应诸葛亮的请求，出兵进攻曹操空虚的东部防线。曹操得知后，决定从西部调集大军来救合肥，与孙权军队交战。孙权为了挫败曹军的锐气，决定在曹军远道而来且立足未稳之际，率先发动进攻。在这场战役中，吴将凌统主动请战，率领三千人马冲向曹营。凌统与曹军先锋大将张辽进行了激烈的交锋，两人走马奋战五十多个回合，却未分胜负。

孙权见凌统与张辽势均力敌，担心凌统有闪失，于是命令吕蒙接应凌统返回本阵。这一仗虽然没有分出胜负，但对曹军起到了一定的震慑作用，展示了吴将的骁勇善战。然而，甘宁见凌统出了风头，也蠢蠢欲动，他看到了曹军的疏忽和弱点，决定采取更加大胆的行动。甘宁向孙权请求，让他当夜只带一百名战士奔袭曹营。孙权初时对此表示怀疑，但甘宁立下军令状，表示如果损失了任何一个人或一匹马，都不算成功。孙权被甘宁的决心所打动，最终答应了他的请求。

甘宁的这一行动完全出乎曹军的意料。曹军没有料到吴军会在夜间发动如此小规模的突袭，因此没有做任何防备。甘宁率领这一百名勇士成功突袭了曹营，造成了曹军的混乱和恐慌。他们纵火焚烧曹营的营帐和辎重，使曹军陷入了混乱之中。

凌统以英勇无畏之姿与曹军先锋张辽展开激战，虽未决出胜负，却成功遏制了曹军的攻势，充分彰显了武将的威严与果敢；甘宁则凭借小规模的夜间奇袭，出其不意地攻击曹营，展现出其灵活变通与果断行动的军事智慧。常规之术无法全面破局，在接下来的非常时刻，正是此等不似常规之法，浇灭了曹军气焰，使曹军陷入一片混乱之中。

战局演变充满不确定性，往往难以完全契合我们的预设轨迹。在常规手段无法破解困局，甚至使我们陷入重重困境之际，打破既有思维模式，采取出奇制胜的策略，成了我们扭转战局、争取主动的关键所在。在这场关乎生死存亡的较量中，各参战方均在探寻制胜之道，力求找到突破对手的秘诀。然而，战争的胜利并非仅凭一成不变的战术和策略所能达成，而是需要我们不断推陈出新，勇于尝试，以灵活多变的手段应对战场上的种种挑战。

打破常规并非意味着草率冒进。在生活的各个层面，我们需根据实际情境审慎调整行动策略，既要勇于开拓创新，又要保持理性谨慎。唯有如此，我们方能在生活的重重困境中破茧成蝶，成功摆脱迷茫的束缚。

5. 虚实兼施，让对方误判局势

  虚实兼施这一战略思想，源于中国古代的兵法智慧，其核心在于通过伪装、佯攻等手段，使敌人产生误判，进而分散其兵力，创造有利的战机。这一战略思想不仅适用于军事领域，也可广泛应用于政治、经济、文化等多个领域。

  在古时，虚实兼施常常被当作一种军事战术。在战争中，敌人由于不知道我方真实情况到底如何，只能通过眼前事实来实行下一步计划，这就给了我们很多伪装的机会，敌人只能通过观察来判断局势，那么我们就可以通过改变这种局势所呈现出来的样貌，来让敌人掉以轻心，放松戒备，在关键时刻将敌人一举拿下。

  虚实兼施，可以造成真假难辨的效果，将自己最不想让别人看到的方面掩盖，好比在战争中，我们有一个能够力抗强敌的兵器，如果敌人发现了这个兵器，我们的优势就会大大下降。所以，我们就要伪造事实，将敌人的注意力转移到别的地方，从而将自己的底牌隐藏好，关键时刻拿出来给敌人造成致命一击。

战国时期，中原大地上各国纷争不断，齐国与魏国之间的战争尤为激烈。当时，孙膑作为齐国的军师，以其卓越的军事才能和深邃的战略眼光，成了齐国军事指挥的核心人物。面对魏国强大的军队，孙膑深知硬碰硬并非上策，必须智取。他仔细分析了魏军将领庞涓的性格特点和用兵习惯，决定采取一种巧妙的诱敌策略——减灶诱敌。

孙膑先是命令士兵们挖了十万个做饭的灶，营造出齐军人数众多的假象。当庞涓的魏军看到这些灶时，心中不免有些疑虑，但并未过多深究。第二天，孙膑又命令士兵们将灶的数量减少到五万，庞涓的探子将这一情况报告给庞涓后，庞涓开始相信齐军正在大量逃亡。第三天，孙膑再次命令士兵将灶的数量减少到三万，庞涓得知后大喜过望，认为齐军已经溃不成军，逃走了大半。庞涓见有机可乘，决定乘势追击。他丢下步兵，只带领精锐骑兵日夜兼程追赶齐军。

孙膑早已料到庞涓会如此行动，便在马陵地形险要的地方设下了埋伏。当庞涓的骑兵进入马陵时，早已埋伏在此的齐军万箭齐发,庞涓和他的精锐骑兵瞬间陷入了困境。庞涓虽然勇猛,但在乱箭之中也难免受伤。经过一番激战,庞涓战败,最终拔剑自刎。魏军群龙无首,陷入了混乱之中。孙膑趁机指挥齐军乘胜追击,彻底歼灭了魏军的有生力量。

孙膑在面对强大的魏军时,没有选择硬碰硬直接对抗,而是采取了"避实"的策略,即避免与魏军的主力直接交锋来达到自己的目的。他通过巧妙的减灶之计,让庞涓误以为齐军正在溃败逃亡,从而诱使魏军深入追击,这就是"避实"的体现。而正是他的减灶策略顺利让庞涓掉以轻心,他才能带领齐军乘虚而入,一举歼灭魏国军队。

南宋时期,金国的军队频繁南下侵扰,企图扩大其范围。在一次战役中,金军大将聂呼贝勒得知扬州城因南宋军队调动而空虚,便心生贪念,欲率领大军一举夺下这座战略要地。

南宋名将韩世忠早已洞悉了金军的动向和意图。他深知扬州的重要性,绝不能让金军轻易得手。于是,韩世忠开始策划一场精心设计的反间计。他故意向宋高宗派往金营议和的投降派魏良臣、王绘等人透露假情报,称自己已率部移营守江,扬州城内的守军已经空虚。这个消息迅速传到了聂呼贝勒的耳中,他信以为真,认为这是一个天赐良机。聂呼贝勒立即调集精锐骑兵，向着扬州城迅速挺进。他想象着轻松攻下扬州后的辉煌战果，心中不禁窃喜。然而，他并不知道，自己已经落入了韩世忠精心设计的陷阱之中。

在扬州北面的大仪镇，韩世忠早已设下了埋伏。他挑选了精锐的士兵，埋伏在山林之中，等待着金兵的到来。当金兵进入大仪镇时，他们并未察觉到任何异常，继续向扬州城前进。然而，就在金兵即将进入扬州城时，韩世忠的伏兵突然发起攻击。金兵措手不及，陷入了包围圈之中。他们奋力抵抗，但韩世忠的军队士气高昂，战斗力强劲，金兵很快便败下阵来。

在激烈的战斗中，聂呼贝勒也遭到了韩世忠的猛攻。他虽然勇猛无比，但在韩世忠的巧妙战术和强大兵力面前，也显得力不从心。经过一番激战，聂呼贝勒被俘，金兵一败涂地，伤亡惨重。

世界上比谎话更能够欺骗人的是一半谎话一半真话。这个道理在谋事中同样适用。半真半假的话常常能够迷惑别人，当我们把这条计谋用在别人身上时，就像是给他的眼睛蒙上了一层面纱，始终只能通过眼前模糊的影子判断自己所处的位置。一旦一个人被虚假的事实所蒙蔽，不用我们出手，他自会乱了阵脚。

虚实兼施不仅是一种战略思想或战术手段，更是一种智慧和能力的体现。它要求我们具备敏锐的洞察力、灵活的应变能力和高超的战术技巧。同时，它还需要我们具备坚定的信念和决心，勇于面对困难和挑战，避免三天打鱼，两天晒网，坚持下来就会看到成效。只有这样，我们才能在复杂多变的局势中保持清醒的头脑和坚定的意志，为自己和团队创造更多的机会。

谋势

先造势，再做事

1. 审时度势，明辨是非才能看清局势

审时度势，顾名思义，就是要根据当前的形势和时机来做出判断和决策。在历史的长河中，许多伟大的领袖和智者都展现了这种能力，他们能够根据时代的变化，洞察历史的走向，从而制定出符合时代需要的政策和战略。从整体发展来看，审时度势可以让我们慢下来，细细思考事情当前的发展。"欲速则不达"，如果一心只考虑怎么向前冲，那么终会撞上南墙，还不如停下来审时度势一下，先理清当前的局面，再作打算。

明辨是非，就是要能够清晰地分辨出是非善恶、真假美丑。这种能力对于我们的个人成长和社会进步都具有重要的意义。在个人层面，明辨是非的能力可以帮助我们树立正确的价值观和人生观。在谋事中，我们需要学会辨别真伪、分

辨善恶。只有这样，我们才能避免被错误的信息和观念所误导，从而保持清醒的头脑和正确的前进方向。同时，明辨是非的能力也可以帮助我们建立健康的人际关系。在与他人交往时，我们需要能够准确地判断对方的意图和动机，从而避免受到欺骗和伤害。

明朝建立初期，朱元璋在登上帝位后，对与他一同征战的将领们进行了隆重的封赏，其中包括给予俸禄和封号。其中，李善长因为忠心耿耿和与朱元璋的深厚渊源，被册封为丞相。

李善长不仅是朱元璋的同乡，更是他起义初期的亲密战友，他在军事行动中的忠诚与付出，为朱元璋所深深铭记。因此，在建立大明帝国的初期，朱元璋将他视为最重要的功臣，并赋予了他最高的荣誉。然而，随着时光流逝，李善长的行为开始发生转变。他变得日益奢侈，心胸也日益狭窄。在朝廷中，他开始根据个人的喜好和偏见来提拔或打压官员，使得朝廷内部矛盾重重。他的儿子李祺更是行为不端，为非作歹，但李善长却未能加以管教，反而处处庇护，这引起了朱元璋的极大不满。

面对这样的局面，朱元璋决定立即进行人事调整，他找到了刘伯温商讨此事。刘伯温深知更换丞相的重要性及其可能带来的政治影响，他考虑到李善长在大明帝国中的威望，以及他对于调和朝廷内部矛盾的作用，因此建议朱元璋不要轻易更换丞相。刘伯温的这番话，既体现了他的深谋远虑，也展现了他对国家稳定的密切关心。朱元璋听取了刘伯温的建议，并对刘伯温的智谋和气量大加赞赏。

朱元璋在登基后，面对功臣的封赏与人事变动，展现出了审时度势的智慧。他深知新朝初立，需稳定人心，因此论功行赏，封李善长为丞相。然而，当李善长行为不端、其子无恶不作时，朱元璋又能及时察觉，意欲更换丞相。这一决策不仅是对李善长行为的回应，更是对国家未来的深思熟虑。刘伯温的建议更是体现了审时度势的重要性，他考虑到了李善长的威望和朝廷的稳定，建议朱元璋慎重行事。这些举措都说明了在重要时刻，需要以大局为重，审时度势，才能做出最明智的决策。

管仲，作为春秋时期的杰出政治家和战略家，他的治国思想和实践对后世产生了深远的影响。在齐国面临混乱和变革的时代背景下，管仲以其独特的审时度势的智慧，为齐国的强盛奠定了坚实的基础。他对时代形势有着深刻的理解和认识，他明白周礼在春秋时代已经逐渐失去了其原有的约束力，诸侯争霸的形势已经不可避免。因此，提出了"尊王攘夷"的治国策略，这一策略旨在通过尊崇周天子的权威来维护国家的统一和稳定，同时排斥外族的侵略和干扰，为齐国的强盛创造一个有利的外部环境。此外，他还提出了"相地而衰征"的农业税收政策，这一政策根据土地的好坏来决定征收赋税的多少，极大地激发了农民的生产积极性。同时，他还鼓励发展手工业和商业，通过促进贸易和商业活动来增加国家的财政收入。这些政策和措施的实施，使得齐国的经济得到了迅速的发展，为国家的强盛奠定了坚实的物质基础。管仲还非常注重百姓的力量和利益。他认为，国家的强盛离不开百姓的支持和拥护。因此，他提出了"仓廪实而知礼节，衣食足而知荣辱"的观点，强调只有让百姓过上富足的生活，才能使他们更加尊重和维护国家的制度和秩序。他还通过推行一系列的社会福利政策来减轻百姓的负担，提高百姓的生活水平，从而赢得了百姓的支持和拥护。

管仲的治国之道充分体现了审时度势的智慧和眼光。他能够敏锐地观察和分析时代形势，根据实际情况制定出合适的政策和措施，从而实现了齐国的强盛和繁荣。他的治国思想和实践对后世产生了深远的影响，成为中国古代政治智慧和治国理念的宝贵财富。

要培养审时度势、明辨是非的能力就要培养洞察力和判断力。当我们身处一个快速变化的环境中时，错误的判断不仅会导致我们错失良机，更可能让我们陷入困境。如果我们总是走错方向，判断出错，不仅自身的成长和发展会受到限制，而且很容易在竞争激烈的现代社会中被后来者所超越和打压。所以，在处世中，我们要保持客观、公正的态度，这是培养洞察力和判断力的基础。只有当我们摆脱了个人情感的干扰，站在一个更高的角度去审视问题时，才能够更加全面地了解事实真相，做出准确的判断。

2. 善于借势，借力打力，事半功倍

借势，即借助外界的力量或形势来推动事物的发展。这种智慧体现在对时机的把握上。正如古人所言："时势造英雄。"在历史的长河中，那些能够抓住机遇、借助时势的人，往往能够成就一番伟业。如果我们能够善于借势，借力打力，便能以较小的力量产生巨大的影响，实现自我价值的最大化。善于借势，不仅是一种智慧，更是一种艺术，它需要我们敏锐地洞察时机，灵活地运用资源，以达到事半功倍的效果。

在人际交往中，我们不可能孤立无援地存在，而是需要借助他人的力量来达成自己的目标。好比在团队合作中，每个人都需要发挥自己的长处，同时借助他人的优势来弥补自己的不足。我们与团队中众人的合作，何尝不是一种相互借势？大家都有着自己的目的，在不违反道德和法律的前提下，互相借助彼此的力量，产生事半功倍的效果，又有何妨？众人的力量是强大的，我们在做一件事情时，如果能够运用好众人的力量，就能够更加快速地实现目标。

春秋时期，齐国的国君齐庄公想要讨伐卫国，但他深知直接出兵卫国可能会面临诸多困难和不确定性，未必能够取得预期的胜利。因此，齐庄公决定运用一种更为巧妙的策略，即"借刀杀人"。

齐庄公在国内大肆散布谣言，声称卫国的国君卫献公残暴无道，对待百姓如同对待奴隶一般，使得卫国国内怨声载道，民众对卫献公产生了强烈的不满和怨恨。

这些谣言的传播起到了预期的效果，为齐庄公接下来的行动创造了有利的舆论环境。

接下来，齐庄公又派出使者前往卫国，故意激怒卫献公。使者以傲慢无礼的态度向卫献公传达了齐庄公的不满和挑衅，声称齐国将出兵讨伐卫国，以维护天下的正义和秩序。

卫献公被使者的话激怒，感觉受到了极大的侮辱和挑衅，他决定先发制人，出兵进攻齐国。

此时，齐庄公已经成功地挑起了卫国与齐国之间的战争。他趁机联合其他国家，共同对抗卫国。由于卫国在内部已经产生了严重的矛盾和不满，其军队在战争中显得力不从心，不断被削弱。最终，卫国在战争中败下阵来，齐庄公成功地达到了借刀杀人的目的。

齐庄公巧妙地利用了卫国内部的矛盾和不满，以及卫献公的愤怒和骄傲，使得卫国成为自己实现目标的"刀"。通过这种方法，齐庄公不仅避免了直接出兵卫国的风险和不确定性，还成功地削弱了卫国的实力，达到了自己的目的。这个故事也告诉我们，在处理问题和争端时，要善于利用他人的弱点和矛盾来达到自己的目的。同时，也要警惕身边可能存在的阴谋和陷阱，防止被他人利用。

东汉末年，天下大乱，群雄并起。曹操以其卓越的军事才能和政治手腕，逐渐在乱世中崭露头角，掌控了朝政大权。曹操虽然求贤若渴，但也十分狠戾，对于那些敢于挑战他权威的人，他通常会采取一种既惩罚又不留痕迹的手段。

祢衡是当时的一位名士，以才学出众、言辞犀利而著称。然而，他性格刚直，对曹操的所作所为非常不满，经常当众辱骂曹操，称他为"奸贼""国贼"。

曹操虽然对祢衡的才华颇为赞赏，但对他恃才傲物的态度也感到十分不悦。曹操知道，如果直接下令处死祢衡，不仅会让自己背上"害贤"的恶名，还会引起其他士人的不满和反感。于是，他故意向荆州牧刘表推荐祢衡，称他为天下奇才，希望刘表能够重用他。刘表对祢衡的才华也早有耳闻，便欣然接纳了曹操的推荐。

祢衡的恃才傲物、目中无人的态度很快就引起了刘表的不满。刘表虽然爱惜人才，但也无法容忍祢衡的狂妄。于是，他将祢衡转荐给了江夏太守黄祖。黄祖是一个性情暴躁、喜好意气用事的人，他刚开始对祢衡的才华颇为欣赏，但很快就因为祢衡的傲慢态度而愤怒不已。

在一次宴会上，祢衡酒后失言，当众辱骂黄祖，称他为"匹夫""庸才"。黄祖一怒之下，便下令将祢衡处死。就这样，曹操巧妙地借刘表和黄祖之手，除掉了自己的眼中钉。

在除掉祢衡的整个过程中，曹操没有直接参与，也没有留下任何把柄，但他成功地达到了自己的目的。这则故事告诉我们：在处理复杂的人际关系时，我们要学会运用谋略，通过利用他人的力量来达到自己的目的。借力打力是一种解决问题的手段，可以帮助我们避免直接冲突和损失，亦可以将我们的利益最大化，善用他人的力量，能够让我们置身事外、化险为夷。此外，这个故事还告诉我们，恃才傲物、目中无人的人往往最终会落得悲惨的下场。因此，我们应该保持谦逊和低调的态度，尊重他人、善于合作，这样才能在竞争激烈的社会中立于不败之地。

在谋事时，一直都有一双无形的手推动着事情发展，这双手轮回交替，哪方势力大时，主动权就在哪一方手中。但是，借力打力却能够让弱势者成为这双无形的手，上述两则故事都说明了这个道理。所以，在背后操控全局，比在台前演绎更容易达到我们的目标。有时候，面对自己无法处理的事情时，就应该借助他人的力量，只有用好身边的资源，我们才能够在自身损耗最小的情况下，获得最大的利益。

3. 造势而起，突破当下方可向前发展

  在当今快速变迁的社会中，创造某种有利态势已成为推动个人与组织前进的核心动力，通过精心策划与积极行动来为自己造势，才能在激烈的竞争中脱颖而出，掌握自己的命运。然而不少人喜欢安逸的生活，面对安逸的诱惑与舒适区的束缚，我们应该意识到，唯有勇于跨越既有界限，方能造势而起，解锁无限潜能。

  突破当下，是让我们去面对未知与不确定，勇于接受失败与挫折的洗礼。这一过程虽充满挑战，却也是成长与蜕变的必经之路。通过不断尝试新事物、学习新知识、建立新联系，我们逐渐拓宽了认知的边界，激发了内在的潜能，为自身发展注入了源源不断的动力，影响力也会随之扩大。

  当我们在社会上产生了足够大的影响力，我们才能够掀

起一阵狂风，好比一个声势浩大的团队，总是能够让人们感到安全和信服，而声势微小的团队，就不会被多少人认可。我们应不断挑战自我极限，勇于探索未知领域。通过不断学习、创新与实践，为自己和团队营造积极向上的氛围，吸引更多志同道合者的加入。当我们的声音足够响亮、行动足够有力时，必将在时代的洪流中掀起波澜壮阔的变革，成就一番非凡的事业。

　　秦朝末年，由于秦二世的暴政，百姓生活困苦，怨声载道。陈胜和吴广作为被征发的戍卒，被派往渔阳戍边。然而，在前往渔阳的途中，他们遇到了大雨，延误了行程。按照秦朝的律法，误期是会被杀头的重罪。面对这样的困境，陈胜和吴广决定发动起义。为了造势并树立威望，他们巧妙地利用了人们对神魔鬼怪的信仰。他们先用朱砂在一块布上写下"陈胜王"三个字，这是为了预示陈胜将会成为王，领导人们反抗秦朝的暴政。然后，他们将这块布塞入一条鱼的肚子里，并故意让士兵们买到这条鱼。当士兵们剖开鱼腹，发现里面的帛书时，感到非常惊讶，并开始对陈胜产生敬畏和信任。除了"鱼腹藏书"，陈胜和吴广还采取了其他措施来造势。他们在寺庙旁点燃篝火，并模仿狐狸的声音叫，又喊道："大楚兴，陈胜王。"这使得士兵们更加相信陈胜是上天选中的领导者，他们的起义行动是顺应天意、正义之举。

通过这些造势手段，陈胜和吴广成功地树立了威望，并在士兵中建立了威信。他们的起义行动迅速得到了响应，起义军迅速壮大，对秦朝的灭亡起到了重要的推动作用。

陈胜和吴广面对秦朝暴政和死亡的威胁，没有选择屈服，而是勇敢地站出来反抗。他们巧妙利用民间信仰，通过"鱼腹藏书"和"篝火狐鸣"等手段，造势并树立威望，成功激发了士兵们的反抗意识。这告诉我们：为自己营造声势，获得众望，能够更加快速地达到目的。如果陈胜、吴广选择默默无闻，那么他们就不能在关键时刻得到民众的帮助，可以说，是敢于突破、善于造势让他们获得了起义前期的成功。

明朝末年，荷兰殖民者霸占了我国的宝岛台湾，民族英雄郑成功决心收复失地。他深知，要成功收复台湾，不仅要有强大的军事实力，还需争取民心与舆论的支持。为此，郑成功首先通过发布檄文，向台湾民众宣传自己的行动是正义之举，强调台湾是中国不可分割的一部分，呼吁民众支持驱逐荷兰殖民者。这些檄文迅速在民间传开，赢得了广泛的支持。同时，郑成功在军事上也进行了精心的准备。他训练了一支精锐的军队，配备了先进的战舰和火炮，并与细作紧密合作，收集荷兰殖民者的军事情报。在军事行动开始之前，郑成功命令军队假装从南航道发动进攻，吸引荷兰殖民者的注意力和兵力。

当荷兰殖民者将主力部署在南航道时，郑成功却突然改变方向，率领主力舰队从北航道迅速穿插，直取荷兰殖民者的核心据点赤嵌城。在赤嵌城战役中，郑成功的军队凭借强大的火力和高昂的士气，迅速攻破了荷兰殖民者的防线。荷兰殖民者见大势已去，只好投降。随后，郑成功又乘胜追击，收复了台湾岛的其他地区。

在面临外敌侵略时，郑成功并没有仅仅依赖军事实力，而是明智地认识到民心向背对于战争胜负的决定性作用。他通过发布檄文，宣传正义，赢得了台湾民众的支持和信任，这为他的军事行动提供了强大的舆论支持和民心基础。这启示我们：在任何时候，都要注重争取民心，因为获得民心是造势最基本的需求，如果一个人没有了民心，他就只能孤立无援地前行，只有让民心成为我们的势，我们才能借势而行，为自己创造新的大势。

面对挑战与机遇，积极造势、主动作为对取得成功有着重要意义。这要求我们在不确定性中寻找确定性，在被动中寻求主动，通过自身努力去创造条件，敢于打破常规，勇于尝试新的方法和思路，去塑造有利于自身发展的环境。在这种环境中，我们可以为自己创造更多的机会，不断前行，不断超越，在激烈的竞争中站稳脚跟，实现个人和组织的长远发展。

4. 顺势而为，将计就计，反其道而行

　　"顺势而为，将计就计"这种策略不仅指导着人们的具体行为，更塑造着一个人的人生态度和哲学。它教导人们要顺应自然规律和社会潮流，不要逆势而行；同时，也要善于利用机会和条件，发挥自己的智慧和才能。这种积极的人生态度和哲学能够帮助人们更好地面对挑战和机遇，实现自己的人生价值。一个人要是始终呆板，不会顺应时代的发展，就会被社会所淘汰。有时候太过于坚守自我并不是什么好事，如果总是固执己见，那么最终会落得满身伤痕，就像是行走在荆棘丛中，我们只有不断调整姿势，才能避免被荆棘刺伤，如果我们贸然向前冲，就会给自己造成很多不必要的伤害。

　　将计就计，更多时候是一种面对敌人或对手时反其道而行之的策略。我们在与人竞争中，常常会认为对方会奋力反抗，

与自己作对。同样地，对方也会这么想。但如果我们反其道而行之，在对方进攻时，我们顺应，在敌方退避时，我们以逸待劳，对方就会认为我们中了他们的计谋，从而露出马脚。将计就计能够让对手处在云里雾里的状态中，他们会被我们营造的假象蒙蔽，为我方创造更多反击的机会。

东汉末年，曹操率领大军征讨南阳的张绣。张绣坚守南阳城池，曹操久攻不下，感到十分棘手。为了打破僵局，曹操设下了一个计谋。曹操对外宣称，他计划从城西北方向发动进攻。他让全军进行战前准备，营造出一种强烈的进攻态势，让张绣及其部下深信不疑。然而，这只是曹操的虚张声势，他的真实意图是从东南方向发动突然袭击。然而，张绣的谋士贾诩并非等闲之辈。他仔细观察了曹操的军事调动和准备情况，经过深思熟虑，识破了曹操的计策。贾诩明白，曹操向西北方向进攻只是虚张声势，其真正的攻击方向是东南。为了应对曹操的进攻，贾诩决定将计就计。他让张绣的军队饱食轻装，并将精锐的士兵全部藏于城东南的房屋内，以逸待劳。同时，他让城中的老百姓假扮成军士，登上西北城头，摇旗呐喊，制造出一种假象，让曹操误以为张绣已经中了他的计策。曹操看到城西北方向的老百姓摇旗呐喊，果然中计，以为张绣已经上当。于是，他按照原计划，在城西北方向佯攻一阵，然后趁机带领精兵从东南角爬进城内。然而，他万万没有想到的是，这恰恰是贾诩的计策。当曹操的军队进入城内时，遭到了张绣军队的猛烈反击。由于曹操的军队长途跋涉，疲惫不堪，再加上中了贾诩的计策，最终被打得落花流水，折兵五万余人。

曹操虽然设下巧妙的虚张声势之计，意图迷惑敌人，但贾诩的敏锐洞察力和巧妙应对却反客为主，让曹操陷入了自己设下的陷阱。这告诉我们，在面对复杂局面时，不仅要善于制定策略，更要能够准确判断形势，洞察对手的意图。同时，也提醒我们，在任何时候都要保持警惕，不被表面的现象所迷惑，才能立于不败之地。

汉武帝刘彻是汉朝的第七位皇帝，他在位期间，疆域经历了前所未有的扩张。他上任时，汉朝经过了文景之治，国库充实，百姓富足，这为他的扩张政策提供了坚实的物质基础。汉武帝非常清楚，此时是开拓进取的绝佳时机。他首先意识到北方匈奴的威胁，于是派遣卫青、霍去病等将领，发动多次对匈奴的战争，成功地将匈奴赶到了更远的北方，解除了匈奴对汉朝的威胁。同时，他也通过和亲等方式，与西域各国建立了友好的外交关系，为汉朝的进一步扩张创造了有利条件。在南方，汉武帝也采取了积极的政策。他征服南越之后，为了加强对南越地区的统治，在这一带建立起西汉中央政府领导的地方政权。此外，汉武帝还推行了一系列的改革措施，如推行均输法、平准法，加强中央集权；实行盐铁官营、"罢黜百家，独尊儒术"等政策，巩固了汉朝的统治基础。这些政策的实施，都顺应了当时的时势，使汉朝在他的统治下达到了鼎盛时期。

汉武帝刘彻是一个具有卓越远见和才能的君主，他懂得顺势而为，根据时代的变化和实际情况来制定自己的政策和策略。他的治国思想和对外扩张政策都体现了顺势而为的智慧和勇气，正是因为他的这些政策和措施，才使得汉朝在他的统治下达到了前所未有的繁荣和强盛。

顺势而为并不是消极的妥协，而是一种积极的适应和把握。在面对外部环境和条件时，我们不应该逆势而行，而应该顺应时势，因势利导。这种策略使得我们能够更加敏锐地感知外部环境和条件的变化，及时调整自己的行动方案。在现代社会中，这种适应性和灵活性尤为重要，因为环境在不断变化，只有不断适应和调整，我们才能保持竞争力。

要想恰如其分地顺势而为，将计就计，我们就要始终把自己放在较高的位置，用较高的视角看世界，才能够看清世界的每个部分。这里的视角是指一种超越常人的广阔视野和深远思考。当我们尝试从更高的维度、更宽广的视野去审视世界时，我们能够更加清晰地看到时代的脉络、历史的走向，以及各种事件之间的内在联系。这种洞察力使我们能够更准确地判断形势，预见未来的发展趋势，从而在复杂多变的环境中找到自己的定位和方向。

5. 因势而变，灵活变通，通则久

古语有言："穷则变，变则通，通则久。"此句话意为：事物到了无可奈何的地步的时候，就应该灵活变通，只有灵活变通，才能够通达，通达之后，才能够长久。如果一个人在生活中，如同钢铁一样不折不弯，那么他在面临需要变通的情况时，就只能折损自己。就好比一块方正的积木，不管怎么放，这块积木都始终无法与圆形的凹槽所匹配，但假如这个物体不是积木，而是橡皮泥，它不仅能够放进圆形的凹槽里，也能够放进其他形状的凹槽里。做人也一样，应该学会变通，如果面对所有的事情都如同一块铁板，那么我们在遇到某些事时就会经历更多的波折，甚至可能误伤自己。

很多人常说，做事要坚守自己的原则，但这句话是有前提的，前提是这件事情违背了自己所信奉的道义。如果一件事情的发展与我们本身的意愿相违背，这个时候我们就要坚守自己所信奉的原则；但如果一件事情的走向只是与我们现在所设想的方向不同，不牵涉原则问题，我们就可以因势而变。做人就是要越来越懂得变通，不管是古代还是现在，那些懂得变通的人，总是能够为自己笼络更多的资源，也总是能够走在别人的前面，他们常常表现出超出常人的智慧，这种智慧让他们越走越顺，前路越来越平坦。而处世死板、不讲究灵活变通的人，常常落得被世界淘汰的下场。

建安十四年（209），刘备在诸葛亮的辅佐下，成功夺取了荆州四郡，这引起了东吴孙权的不满。为了夺回荆州，周瑜提出了美人计，建议孙权将妹妹孙尚香嫁给刘备，然后趁机扣留他，以换取荆州。刘备得知此事后，决定亲自前往江东招亲。他深知此行充满危险，于是诸葛亮为他准备了三个锦囊妙计。刘备带着赵云和这些锦囊，踏上了前往江东的旅程。

一到江东，刘备便按照诸葛亮的计策行事。他让赵云带领士兵们披红挂彩，营造出一种喜气洋洋的气氛。这吸引了无数江东百姓的注意，也引起了孙权母亲吴国太的关注。吴国太对刘备的相貌和气质颇为赞赏，认为他一表人才，且气质非凡。在甘露寺相亲过程中，吴国太更是对刘备赞不绝口，最终决定同意这门婚事。然而，周瑜的美人计并未就此结束。在刘备与孙尚香的新婚之夜，周瑜安排了刀兵埋伏在洞房周围，企图趁机劫持刘备。但刘备早有准备，他按照诸葛亮的第二个锦囊行事，成功化解了危机。最终，周瑜的美人计彻底失败。他不仅没能夺回荆州，反而让孙权赔上了妹妹孙尚香。刘备凭借智慧和勇气，成功地在江东招亲，赢得了孙尚香的芳心，也巩固了自己在荆州的地位。

在面临东吴孙权的威胁和周瑜的美人计时，刘备并没有直接硬碰硬，而是巧妙地运用了诸葛亮的锦囊妙计。他通过制造喜庆的氛围，赢得了吴国太的赞赏和认可，从而顺利完成了招亲的任务。在新婚之夜面对危机时，刘备又依据第二个锦囊妙计，成功化解了周瑜的阴谋。这告诉我们：在困境中寻求转机，要以智取胜，而非一味蛮干。在面对复杂多变的环境时，唯有灵活应变，方能立于不败之地。

三国时期，曹操与马超、韩遂等发起潼关之战，在这场战争中，曹操一度陷入了不利的境地，被马超等将领击败，只能仓皇逃窜。在逃亡的过程中，曹操遭遇了马超的紧追不舍。他先是听到有人喊："穿红袍的是曹操！"于是，他立即脱下红袍，以改变自己的装束，让马超等人难以识别。然而，这并没有完全摆脱马超的追踪。紧接着，曹操又听到有人大叫："长胡子的是曹操！"这时，他意识到自己的长胡子也成了被识别的标志。于是，他毫不犹豫地割断了自己的胡子，再次改变了自己的外貌特征。然而，马超并没有因此放弃追击。他又大声喊道："短胡子的是曹操！"曹操听后，再次陷入了困境。但他并没有放弃，而是迅速地扯起衣角，包住自己的下巴，试图掩盖自己的短胡子。这一举动虽然显得有些滑稽，但再次成功地让曹操躲过了马超的追击。最终，曹操在逃亡的过程中，巧妙地利用地形和自己的机智，成功地摆脱了马超的追杀。

曹操面对马超的紧追不舍，并没有选择硬拼，而是根据形势的变化灵活应对。当被识别为"穿红袍的是曹操"时，他立即脱下红袍；当被识别为"长胡子的是曹操"时，他果断割断胡子。这些行为都显示了他因时而变的智慧，他能够迅速判断形势，并做出相应的调整。曹操的每一次变化都是为了适应当前的危险情况，他不断改变自己的外貌特征，以迷惑敌人，为自己争取逃脱的机会。这种因时而变的能力，不仅帮助他成功摆脱了马超的追杀，也体现了他在困境中的智慧和勇气。

世上没有绝人之路，灵活变通能够帮助我们在绝境时找到突破口，它让我们能够从不同的角度看待问题，寻找那些被忽略的线索和可能性，而我们在改变自己看待事物的角度后，往往能够发现一条全新的道路，引领我们走出绝境。好比当我们面临职业发展的瓶颈时，我们可以选择学习新的技能或转行，以拓宽自己的职业道路；当我们与家人产生矛盾时，我们可以选择换位思考，理解对方的立场和感受，以缓解矛盾。在生活的任何场景中，灵活变通都有助于我们解决问题，所以，学会灵活变通，可以减少很多麻烦，让自己的前路更加顺畅。

九

驭人

欲 成 大 事 ， 先 安 内 局

1.规定秩序，有条不紊是领导者的必备技能

　　要想向外拓宽领土，就必须先处理好内部的事情。古往今来，每一个朝代的法制规则，都与那个时期推崇的文化息息相关。孔子周游列国时所推崇的"仁政"，就对当时各国的治理产生了深远的影响，帝王们在受到儒家思想影响后，大多都推行仁政。后来道家思想、法家思想成为主流时，帝王们治理国家的方式也随之在改变。由此可见，古往今来贤明大智的君王在治理国家时，都会根据当时民众所推崇的思想来制定政策，让各项法制措施都能够得到民众的支持，从而在民众中有效地推行。

　　善用规则是智者的谋事利器，古代帝王在治理国家时，更是将这一智慧发挥得淋漓尽致。他们深知，一个国家的兴

衰存亡，不仅取决于领土的广袤和兵力的强弱，更在于是否能够制定出符合国情、顺应时势的方针政策。因此，他们在治理国家时，会对国家内部的政治、经济、文化等各个方面进行深入了解，同时也会密切关注外部世界的动态变化。在现代社会，我们同样需要善用规则，通过制定符合实际情况的方针政策，推动社会的进步和发展。只有这样，我们才能在激烈的竞争中立于不败之地，实现个人和社会的共同繁荣。

战国时期，秦国成为当时一大强国，为了巩固自身地位，对内实施了很多措施。当时，有一个人名叫商鞅，是秦国的一个大臣，也是卫国国君后代。商鞅在职期间，辅佐秦孝公，积极实行变法，使秦国成为富裕强大的国家，史称"商鞅变法"。商鞅变法的主要内容包括：废除井田制，推行小家庭制度；实行奖励军功的二十等爵制；重农抑商，奖励耕织；推行县制以及实行连坐之法；等等。这些变革措施有力地推动了秦国社会政治、经济、文化等各方面的进步，使得秦国国力大增，为后来统一六国打下了坚实的基础。在商鞅变法的过程中，商鞅非常重视社会秩序的维护和管理。他通过推行小家庭制度，使得每个家庭都成为国家的基本单位，有利于国家对民众的管理和调控。同时，他实行奖励军功的二十等爵制，激发了民众的积极性和创造力，也增强了国家的凝聚力和战斗力。此外，商鞅还推行了连坐之法，即一人犯罪，全家、邻里、同伍都要受到牵连。这种制度虽然严厉，但在当时的社会背景下，有效地维护了社会的稳定和秩序。通过这些措施的实施，商鞅成功地建立了一个有序、高效的国家管理体系，使得秦国成为战国七雄中最强大的国家之一。

一国的强盛和统一，必先以内部的稳定与繁荣为基础。商鞅通过废除井田制、推行小家庭制度、奖励军功等一系列改革，不仅促进了秦国经济的迅速发展，更重要的是强化了社会秩序，巩固了国家的基础。这则故事告诉我们：在应对外部挑战时，首先要确保内部的和谐与稳定，才能集中力量抵御外敌。同时，商鞅的改革也告诉我们，改革是推动社会进步的重要动力，只有不断改革，才能适应时代的变化，保持国家的竞争力。

三国时期，蜀汉丞相诸葛亮以其卓越的军事才能和治理手段闻名于世。他在治军方面尤其注重纪律和制度，确保军队能够有序、高效地运作。诸葛亮深知军队纪律的重要性，因此他制定了严格的军法，并亲自监督执行。他要求全军将士必须遵守军纪，不得有任何违反军法的行为。对于违反军法的将士，诸葛亮会毫不留情地进行处罚，以儆效尤。同时，诸葛亮还非常注重军队的训练和素质提升。他亲自制订训练计划，监督训练过程，确保每个将士都能够掌握基本的战斗技能和战术知识。他还经常组织模拟战斗和实战演练，让将士们在实战中锻炼自己的能力和素质。在军队管理方面，诸葛亮也做得有条不紊。他根据将士们的才能和特长，合理分配任务和工作岗位，确保每个人都能够发挥自己的优势。同时，他还注重培养将士们的团队合作精神和集体荣誉感，让他们明白只有团结一心、共同努力，才能够战胜强敌、取得胜利。诸葛亮的治军之道，不仅让蜀汉军队成了一支纪律严明、训练有素、战斗力强大的军队，也为后世留下了宝贵的军事遗产和管理经验。

在任何组织或团体中，明确的规则与纪律是维护秩序和保障效率的关键。诸葛亮深知这一点，他制定的严格军法不仅确保了军队的秩序，也树立了领导者的威严和公信力，使全军将士对命令和规定敬畏有加。这种严格的纪律要求，培养了将士们的团队合作精神和集体荣誉感，让他们明白只有团结一心、共同努力，才能战胜强敌、取得胜利。

制定规则，是管理一个团队最基本的要求，在缺乏规则约束的团队中，歪风邪气盛行、成员间尔虞我诈，无疑会削弱团队的整体力量，使其无法形成强大的凝聚力。因此，建立明确的规则体系至关重要。这不仅有助于领导者确立权威，保持绝对的话语权，更能强化团队的核心力量，确保成员间能够相互信任、协作无间。对于领导者而言，制定规则是壮大团队实力最为直接且高效的方式。

在今天的社会，无论是企业管理还是个人发展，都需要有明确的规划和目标，这些规划和目标能帮助我们建立起高效、有序的工作环境，让我们在面对外界侵扰时，能够灵活应对，朝着正确的方向前行。而想要做到驭人有术，制订合理且清晰的目标，我们就要具备高超的智慧和敏锐的洞察力，具备坚定的意志和果断的决策力，需要在各种复杂的情况下保持冷静、理性的思考，不受外界干扰和诱惑，坚持自己的判断和选择。

2. 兼听则明，集思广益的驭下智慧

一个明智的决策者，必然懂得"兼听则明"的道理。这意味着在面临重大抉择时，不应仅凭个人的经验和判断，而应广泛听取各方面的意见和建议。不同的声音、不同的观点，往往能够带来全新的思考角度和解决问题的思路。通过兼听，我们能够更加全面地了解问题，减少决策的盲目性和片面性，提高决策的科学性和准确性。一个团队或组织的力量，往往来源于其成员间的相互协作和智慧碰撞。当我们将不同的思想、观点和创意汇聚在一起时，往往能够激发出新的创意和解决方案，有效解决当前存在的各种问题。

"兼听"不仅是一种智慧的体现，更是一种生活和工作的态度。在信息爆炸的时代，我们每天都会接触到各种各样的信息，这些信息中既有真实的、有价值的，也有虚假的、误

导性的。如果我们只听取一种声音，或者只接受一种观点，就很容易陷入片面和狭隘的境地，从而无法做出明智的决策。因此，只有学会"兼听"，我们才能更全面、更客观地了解问题的真相，避免被单一的声音所蒙蔽。

同时，"兼听"能够培养我们开放包容的心态，我们在进行决策时，常常会主观臆断自己的想法是对的，如果听到与自己的想法不同的声音，我们常会觉得心烦意乱。其实，我们在兼听的过程中，就会慢慢将这种心烦意乱的情绪给压下来，在学会接受别人的想法时，我们就已经成了一个能够集思广益的人。

唐太宗李世民是一位英明的君主，他深知治国理政需要听取各方意见，以便做出明智的决策。而魏徵，作为他的重要辅臣，以直言敢谏、善于进谏而著称。

有一天，唐太宗李世民在与魏徵讨论治国之策时，提出了一个问题："我作为一国之君，怎样才能明辨是非、不受蒙蔽呢？"魏徵深思熟虑后回答道："国君之所以会受到蒙蔽，往往是因为只听到了一方面的意见，而没有全面考虑。只有广泛听取各方面的意见，包括正面的和负面的，才能全面地了解事情的真相，从而做出正确的判断。"魏徵进一步解释说，"历史上有许多因偏听偏信而导致失败的例子。比如，尧帝和舜帝之所以能成为贤明的君主，就是因为他们能够广泛听取各方面的意见，从中选择最合理的建议来治理国家。相反，像秦二世偏信赵高、隋炀帝偏信虞世基这样的例子，都因为偏听偏信而导致了国家的衰败和灭亡。"唐太宗李世民听后深以为然，他意识到作为一国之君，必须时刻保持清醒的头脑，广泛听取各方面的意见，才能确保国家的长治久安。从此以后，他更加注重听取臣下的意见，并且经常鼓励臣子们直言敢谏。

"兼听则明，偏信则暗"这一典故后来逐渐演变为成语，并被广泛传播和应用。它告诉人们，在处理问题时应该全面考虑各种因素，广泛听取各方面的意见，才能做出明智的决策。这个典故不仅体现了古代政治智慧的重要性，也对我们今天的工作和生活有着重要的启示意义。在面对复杂的问题和挑战时，我们应该保持开放的心态，虚心听取他人的意见和建议，从而做出更加明智和正确的决策。

赵武灵王是战国时期赵国的一位有远见卓识的君主。他执政期间，赵国逐渐强盛，为后来赵国的崛起奠定了基础。当时，赵武灵王为了加强赵国的军事实力，决定推行"胡服骑射"的改革。这一改革意味着赵国军队要放弃传统的中原服饰和战车、战术，改穿胡人的服饰，学习胡人的骑马射箭技术。然而，这一改革在朝廷中引起了轩然大波，许多大臣和贵族都表示反对。

公子成是赵国的一位重臣，他也对赵武灵王的改革表示了强烈的反对。他认为赵国应该坚持传统的中原文化，不应该向胡人学习。于是，公子成找到赵武灵王，试图说服他放弃改革。然而，赵武灵王并没有立即做出回应，而是耐心地听取了公子成的意见。他询问公子成为什么要反对改革，公子成列举了一系列理由，如改革会破坏赵国的传统、会引起百姓的不满等。赵武灵王听后，并没有立即反驳，而是继续询问其他大臣和智者的看法。经过广泛地听取意见后，赵武灵王开始认真思考改革的利弊。他明白，改革虽然会面临一些困难和阻力，但从长远来看，改革将有助于赵国的强盛和发展。于是，他坚定地推行了"胡服骑射"的改革，并取得了成功。

这个典故告诉我们，在面临重大决策时，我们应该保持开放的态度，广泛听取各方面的意见。只有这样，我们才能更全面地了解问题的症结所在，做出明智的决策。同时，也要学会独立思考和判断，不被一时的困难和阻力所吓倒，坚定地走自己的道路。

兼听则明不代表对所有人的想法都听之任之，我们在听取他人意见的时候，要有自己的思考和想法。如果只会对别人的想法加以打磨，没有主见，那么谁都可以来做决策者和领导者。能够坐上决策者的位置，就必须有独立思考的能力。兼听可以让我们做出好的决策，是基于别人的想法是好想法，是有利于大众、整体的想法。如果只是有利于个人的想法，那么兼听就会让我们被别人蒙蔽双眼，从而做出不利于整体发展的战略决策。所以，我们在做决策和为人处世的过程中，保持清醒的头脑尤为重要。只有全面认识自己，才不会让片面的想法占据上风，从而做出错误的选择。

3. 恩威并施，赏罚分明才能得到尊重

恩威并施是对团队的一种治理方式，即在治理过程中既要施以恩德，让民众或下属感受到温暖与关怀，又要展示威严，让民众或下属敬畏法律与秩序。赏罚分明，是实行恩威并施的一种重要手段。在古代，明智的君主往往能够恰当地运用恩威并施的策略，使得国家繁荣昌盛、百姓安居乐业。这种治理方式既体现了掌权者对民情的深刻理解，也提升了朝廷在民众中的威信。

施恩，能够让人们感受到上位者的关怀。一个人若是只有狠戾，是没有人愿意靠近他的，因为这种人不具备稳定性，容易把自己身边的人扯进不必要的事端当中，也只会用自己的想法去揣摩别人，对别人构成威胁和伤害；但一个人若是只有软弱，靠近他的人可能会想利用他，虽然表面看来也会

有人愿意接近这个人，但多半是带有目的性的，这个人不过是别人实现自己目标的一个跳板，利用结束后别人就会一哄而散。所以，不管是施恩还是降威，我们都不能做得太极端，在谋事时，只有将两者结合，才能掌控人心，将身边的资源牢牢掌握在手里。

在明朝初期，西南边陲的少数民族尚未完全臣服于中央政权。一方面，由于地理位置偏远，中央的力量难以触及这些地区；另一方面，少数民族与中原汉族之间存在文化和历史隔阂，这使得对这些边远地区的有效管理变得复杂。

当时，驻守贵州的都督马烨在水东、水西两邦更换首领之际，试图推行"改土归流"政策，即废除水西、水东的土司制度，改为中央直接管理的郡县制。为了实现这一目标，他采取了极端措施，逮捕了水西的女土司奢香，意图激化矛盾，以此为出兵的理由。

这一行为激起了水部四十八部彝民的愤怒，他们纷纷准备反抗。明太祖朱元璋意识到单靠武力无法解决问题，对于云南各部，应当采取更为温和的政策。这样的策略既可以逐步削弱土司的权力，又能够赢得民心，成就仁君的美名。

于是，朱元璋亲自接见了水东土司刘淑贞，听取了她对马烨行为的控诉，以及土司家族世代守护边疆的贡献。马皇后也接见了刘淑贞，并邀请她进京参加宴会，以示安慰。这深深感动了刘淑贞和奢香。朱元璋询问刘淑贞如何回报他的仁慈，已经打算用马烨的生命来换取两位土司的忠诚。奢香承诺："愿世代子孙皆为国家效力，不再造反。"

明太祖处决马烨，并封奢香为顺德夫人，刘淑贞为明德夫人，以此表明朝廷的慷慨。然而，明太祖也深知过度施恩可能会导致土司们傲慢不驯，因此，他采取了一种恩威并施的策略。

在奢香和刘淑贞返回的路上，明太祖命令沿途的官府展示军力，加强武备，以此警示两位土司，让她们明白朝廷并非软弱无能，而是拥有强大的实力。如果她们选择反抗，将会面临严重的后果。

明太祖的这种策略非常明智，效果显著。他对两位土司的厚待展示了中央政府的爱民之心，而展示军力则显示了朝廷的威严。奢香等人返回后，将所见所闻告诉了各部族，使得各部族对中央政府产生了敬畏之心，归顺的意愿日益增强。

恩威并施是一种重要的管理策略，在给予恩惠的同时，也要保持威严，让对方知道什么该做，什么不该做，只有这样，才能维护整体的稳定与和谐。在使用恩威并施策略时，必须仔细评估对手的情况。如果对方经验丰富，且形势对自己不利，这种方法可能难以奏效。相反，如果形势对自己有利，对方经验不足或急于达成协议，这种方法的效果会更好。

孙武是中国春秋时期著名的军事家，被尊称为"兵圣"或"孙子"。他撰写的《孙子兵法》，是中国古代军事文化遗产中的璀璨瑰宝。关于孙武，有一个著名的典故展示了他的赏罚分明。当吴王阖闾看了孙武的《孙子兵法》后，对他大为赞赏，并邀请他出山辅佐自己。孙武为了测试吴王的决心和军队的素质，便请求吴王允许他训练宫中的宫女。吴王心想，训练宫女有何难处，便答应了孙武的请求。

孙武将一百八十名宫女分为两队，并任命吴王的两名宠妃为队长。他向宫女们说明了训练的要求和纪律，并宣布了奖惩措施：表现好的有赏，违反纪律的则斩首示众。宫女们听后，都感到十分新奇和兴奋，纷纷表示愿意接受训练。然而，当孙武开始训练时，宫女们却嬉笑打闹，完全不把训练当回事。孙武多次警告无效后，便下令斩了两名队长，即吴王的宠妃。吴王在楼上看到这一幕，大为震惊，急忙派人下来阻止孙武。但孙武却不为所动，坚持要执行军法。他向吴王解释说："军队是一个整体，必须有严格的纪律和赏罚制度。如果连两个队长都不能遵守纪律，那么整个军队就会陷入混乱。"吴王虽然心疼自己的宠妃，但也被孙武的严明纪律所折服。

他同意孙武继续训练宫女，并承诺不再干涉孙武的军事行动。经过这次事件后，宫女们再也不敢轻视训练了，她们都认真地听从孙武的指挥，努力学习军事技能。

这个典故展示了孙武赏罚分明的军事才能和严明纪律的重要性。在军队中，只有赏罚分明、纪律严明，才能确保军队的凝聚力和战斗力。同时，这个典故也告诉我们，在管理和领导中，赏罚分明同样是一种重要的手段和方法。通过明确奖励和惩罚的标准和方式，可以激发人们的积极性和创造力，提高组织的效率和竞争力。

"恩威并施，赏罚分明"不仅是一种管理策略，更是一种智慧和对人性的洞察。它告诉我们，在管理中既要关注人性的需求，又要注重组织的纪律和规矩；既要给予部下关爱和支持，又要保持必要的威严和果断。只有这样，才能在复杂多变的社会环境中立于不败之地，赢得人心和尊重。

4. 削弱下属，危机常常埋伏在身边

为人处世时，最危险的不是明面上的祸患，而是隐藏的祸患，隐藏的祸患潜伏在人们身边，往往在不经意时给人造成难以磨灭的伤害。好比在与人斗争时，我们把注意力都集中在此人身上，从而忽略了其他人的恶意。如果我们只关注一部分人，另一部分人就会乘虚而入，这就是为什么有的人觉得事情尽在掌控之中，可实际上事情的走向早已脱轨。从一开始，被针对的人就已经脱离了轨道，变成了别人眼中待宰的羔羊。

隐藏的祸患不能不避，所以，自古以来的所有君王，不管是在政治还是军事上，都讲究加强中央集权，削弱下属的权力。历史上有很多因为权力太大而谋权篡位的臣子，这些教训使得古代君王在对待得力的部下时，不得不多出一个心眼来防范部下背叛自己。纵观历史我们可以发现：不管是开国功臣，还是军中大将，在辅佐君王成就大业后，都会以莫名其妙的原因而离开朝政。君王不会允许一个有众多百姓支持的人留在朝廷，这无异于在威胁他的地位。

汉武帝时期，诸侯王的势力如日中天，他们各自拥有广袤的封地和强大的兵力，对中央集权构成了不小的威胁。汉武帝忧心忡忡，日思夜想如何稳固皇权，削弱这些诸侯王的势力。一日，汉武帝召见大臣主父偃，询问他有何良策。主父偃深思熟虑后，提出了一个大胆的提议——推恩令。他向汉武帝解释说，诸侯王的势力之所以膨胀，在很大程度上是因为他们的封地和爵位都集中在嫡长子一人手中。如果改变这一继承制度，将封地分给诸侯王的多个儿子，那么诸侯王的势力自然会削弱。汉武帝听后茅塞顿开，立刻采纳了主父偃的建议，推行了推恩令。不久后，各地的诸侯王接到了皇帝的诏令，要求他们将封地分割，分封给各自的儿子。

在推恩令的作用下，诸侯王的势力逐渐减弱。他们的封地被分割成了多个小块，由各个儿子分别继承。这些新封的侯国直接由中央政府管理，不再受原诸侯的统辖。诸侯王们虽然心有不甘，但也无可奈何。随着时间的推移，推恩令的效果逐渐显现。避免了诸侯拥兵自重发生叛乱。同时，中央政府对地方的控制力也大大增强，国家的统一和稳定得到了保障。

汉武帝通过推行推恩令，成功地削弱了诸侯王的势力，巩固了皇权，为汉朝的繁荣和稳定奠定了坚实的基础。在推恩令实施之前，诸侯国如同一个个独立的小王国，各自为政，其内部也时常因继承权问题而纷争不断。这不仅削弱了国家的整体实力，也威胁到了皇权的稳固，而推恩令的实行，正好有效解决了这个问题。随着封地的分割和侯国的建立，原本分散在各地的诸侯王势力被逐渐消解，形成了多个直接隶属于中央政府的侯国。这些侯国虽然保留了原有的贵族身份和地位，但已不再拥有独立的政治和军事权力。这样一来，中央政府对地方的控制力大大增强，各地的政策、法令和军事行动都能够得到统一的指挥和调度。

北宋开国皇帝赵匡胤在陈桥兵变中黄袍加身，得到皇位。然而，他深知皇位来之不易，也明白军事将领们手中的权力若过于集中，将是对皇权的极大威胁。

赵匡胤召集了石守信、高怀德等手握重兵的将领们入宫赴宴。酒过三巡，赵匡胤突然感慨道：“朕自登基以来，每每夜不能寐，担心有朝一日，你们的手下贪图富贵，也将黄袍加在你们身上，那时事情就麻烦了。”众将一听，立刻明白赵匡胤话中有话，纷纷表示绝无此意。赵匡胤却叹息道：“你们虽无此心，但难保手下人不贪图富贵，一旦有变，事情就不由你们掌控了。"众将听后，纷纷汗流浃背，不知如何是好。赵匡胤见状，便提出了一个解决方案："人生苦短，如白驹过隙。你们不如放弃兵权，多买良田美宅，享受富贵，与儿孙们共享天伦之乐。这样，我们君臣之间，互不猜疑，不是很好吗？"众将一听，觉得这是一个保全富贵的好办法，于是纷纷表示同意。第二天，他们便上表称病，请求解除兵权。赵匡胤欣然同意，并赏赐了他们大量的金银财宝和良田美宅。就这样，赵匡胤通过一场宴会，巧妙地削弱了将领们的兵权，加强了中央集权。

赵匡胤的举措体现了他对权力运作的深刻洞察。他明白，虽然自己通过军事手段取得了皇位，但过度的军事权力集中会威胁到皇权的稳固。因此，他巧妙地利用了一场宴会，以非暴力、非对抗的方式，削弱了将领们的兵权，从而加强了中央集权。这个故事告诉我们：斗争并非总是刀光剑影，更多的是比拼智慧和策略。赵匡胤就是通过言辞和赏赐，既让将领们心甘情愿地放弃了兵权，又避免了可能引发的军事冲突。

削弱下属的权力，并不代表剥夺下属的权力，此句话亦可认为是不剥夺下属所有的权力。我们在不断增加自己权力的同时，也要注意权力给我们带来的危害。权力是一把双刃剑，我们虽然可以通过削弱别人的权力从而达到掌控全局的目的，但也要注意，不能被权力蒙蔽了双眼。将权力牢牢握在手里，虽然能够保证事情的发展在我们的控制范围内，但也容易引发腐败、专制等问题。因此，在保证自己权力的同时，我们也应该注重权力的制衡和监督，防止权力的滥用和过度集中。

5. 真诚待人，言而有信可以换得真心

真诚，是人际交往中最宝贵的品质之一。它代表着内心的坦荡和无私，是人与人之间建立深厚情感的基石。真诚待人，意味着我们在与他人相处时，能够真心实意地关心对方，尊重对方的感受和需要，不虚伪、不做作。真诚待人能够打破人与人之间的隔阂，促进彼此之间的理解和信任。当我们以真诚的态度对待他人时，对方往往能够感受到我们的善意和诚意，从而愿意与我们建立更加紧密的联系。这种联系不仅能够帮助我们扩大社交圈子，还能够让我们在人生的道路上得到更多的支持和帮助。

真诚待人能够提升我们的个人魅力。一个真诚的人，往往能够赢得他人的尊重和喜爱。因为真诚代表着真实和坦率，它让我们在人际交往中更加自信、从容。而这种自信和从容，

又能够进一步增强我们的个人魅力，让我们在人群中脱颖而出。当我们向他人承诺某件事情时，如果能够言出必行、信守承诺，那么我们就能够赢得他人的信任和尊重。这种信任和尊重不仅能够帮助我们与他人建立更加深厚的情感联系，还能够让我们在人生的道路上得到更多的机会和资源。

在战国时期的秦国，国内政治混乱，经济落后，民众生活困苦。为了改变这一现状，秦孝公决定起用商鞅进行变法改革。然而，改革之初，民众对新法充满疑虑，不信任的情绪弥漫在空气中。商鞅深知，要让新法得以顺利推行，必须先树立自己的威信。于是，他心生一计，决定用一个简单而直接的方式来证明自己的诚意和决心。

有一天，商鞅命人在都城南门外竖起一根三丈长的木头，并在旁边贴出告示："有谁能把这根木头扛到北门，就赏十金。"消息一传开，人们纷纷聚集在城门前围观，但大多数人都认为这只是商鞅在开玩笑，怎么可能有这么容易赚到的赏金呢？看到人们议论纷纷，商鞅又提高了赏金："谁能扛到北门，赏金提高到五十金！"人群中开始有了骚动，但仍然没有人敢上前一试。就在这时，一个身材魁梧的汉子站了出来，他扛起木头，大步流星地走向北门。当他把木头放到北门时，商鞅立即命人拿来五十金，亲手交到了他的手中。这一幕让在场的所有人都震惊了，他们没想到商鞅会如此言出必行。从此，商鞅的威信在民众中树立了起来，新法也得以顺利推行。

诚信是立人之本，也是治国之基。商鞅不仅提出了改革方案，更重要的是他能够确保这些方案得到有效执行。他通过实际行动来树立威信，为新法的推行铺平了道路。他通过实际行动证明了自己的承诺是真实可信的，从而赢得了民众的信任和尊重。在现代社会，无论是个人还是组织，都应以诚信为本，言出必行，才能赢得他人的信任和支持。

周幽王是西周的亡国之君，他有一位倾国倾城的宠妃，名叫褒姒。这位美人常常面带愁容，鲜少露出笑容。周幽王为了博取褒姒一笑，可谓费尽心思。有一天，周幽王突然想到一个主意。他下令在都城附近的二十多座烽火台上点燃烽火。要知道，烽火是边关报警的信号，只有在外敌入侵、急需诸侯救援时才会点燃。一时间，烽火连天，狼烟滚滚。各地的诸侯看到烽火信号，以为国家有难，纷纷率领兵将赶来都城救援。他们风尘仆仆，满怀焦急，却只见周幽王与褒姒在城楼上饮酒作乐，根本没有外敌入侵的迹象。原来，这一切都只是周幽王为了博取褒姒一笑的戏弄。褒姒看到平日里威仪赫赫的诸侯们如此狼狈不堪，终于展露了笑颜。周幽王见状，心中大喜，觉得这一切戏弄都是值得的。诸侯们则愤怒不已，但又无可奈何，只好愤然离去。然而，五年之后，申侯联合缯国、犬戎真的大举攻周。周幽王再次点燃烽火，但这一次诸侯们却没有再赶来救援。他们还记得上次被戏弄的耻辱，不愿意再为周幽王的戏言而付出代价。最终，周幽王被敌军杀死，而褒姒也被俘虏。这个曾经辉煌一时的王朝最终走向了衰败。

烽火戏诸侯的故事不仅是一个历史的悲剧，更是对后人的深刻警醒。它告诉我们，诚信是治国安邦的基石，也是个人品行的体现。一个言而无信的君王，终将被自己的将士所抛弃；同样，一个不守信用的个人，也将在社会中失去立足之地。因此，无论是在国家治理还是个人交往中，我们都应坚守诚信原则，言出必行，信守承诺。只有这样，我们才能赢得他人的尊重和信任，共同营造一个和谐、稳定、繁荣的社会环境。

事实证明，只有我们言而有信，真诚待人，别人才会对我们也真诚相待。有多少付出才会有多少回报，如果我们不对别人付出真心，最终也得不到别人的真心。只谋求自己利益的人，不仅会像周幽王一样被自己的将士所抛弃，也会被整个世界所抛弃。欺骗一个人的代价很小，所以有的人不会在意，但积少成多、聚沙成塔，如果欺骗了十个人、一百个人、成千上万人，那么就算是细微的尘埃也会卷起巨大的风尘，谎言最终会被一举击溃。

但是，真诚待人并不代表毫无保留地展示自己。在工作中，真诚能让别人对我们产生踏实能干的印象，我们可以借此获得更多机会，从而提升自己。但是，真诚也会让我们成为被施加压力的对象，稍有不慎就会被别人所利用。在生活中，真诚能够让我们被信赖、依靠，从而广泛交友，认识更多优秀的人，但如果遇到心怀叵测的人，我们往往会遇到不必要的麻烦。所以，真诚待人之前，我们也要擦亮眼睛，看清当前局势，从而谨慎地下判断。

非对称

弱 势 者 以 弱 胜 强 的 策 略

1. 知己知彼，才能百战不殆

"知己知彼"是一种战略智慧，它要求我们在面对敌人或竞争对手时，既要了解自身的优势与劣势，又要洞悉对方的实力与意图。这种战略思想源于中国古代的兵法著作《孙子兵法》，其中有云："知彼知己者，百战不殆；不知彼而知己，一胜一负；不知彼，不知己，每战必殆。"这一思想强调了信息在战争中的重要性，只有掌握了足够的信息，才能制订出切实可行的战略计划。

在知己方面，我们需要深入了解自身的实力以及拥有的资源和条件，如果连自身的情况都不明不白，也就无法发挥出自身最大的价值。好比一个功能齐全的团队，如果团队负责人连团队中的人有哪些技能和能力都不清楚，也就无法将团队有效地运作起来。全面掌控团队本身的信息，有助于我们认识到己方的长处和短处，从而制定出适合己方发展的战略方针。

在知彼方面，我们需要通过各种手段获取敌人的信息，盲目地应战是一种极其危险的行为。我们的敌人并非全都是一个人或者一个团体，我们的对手可以是大自然，也可以是某一件尚未发生的事情。但不管是哪一种情况，我们都要深入了解对方的情况，好让自己提前做好准备，及时面对突发情况。通过了解敌人的实力和意图，我们可以预测其行动方向，提前做出反应，从而取得战争的主动权。

战国时期，齐国有一位勇武的将军名为田忌，他不仅善于领兵作战，而且热衷于赛马这项活动。他经常与齐威王进行跑马比赛，但每次比赛，田忌总是以微弱的差距败给齐威王，这让他备感沮丧。正当田忌陷入困境中时，他的朋友孙膑出现了。孙膑，作为战国时期著名的军事家孙武的后代，智慧过人，兵法造诣深厚。虽然因庞涓的陷害而双腿残疾，但他依然保持着敏锐的思维和独到的见解。在田忌的邀请下，孙膑成了他的军师，为他出谋划策。孙膑在仔细分析了双方的马匹后，发现田忌的马匹虽然整体实力稍逊于齐威王的马匹，但每一等次的马匹之间的差距并不大。于是，孙膑向田忌提出了一个改变赛马策略的建议：以田忌的下等马对阵齐威王的上等马，以上等马对阵中等马，再以中等马对阵下等马。田忌出于对朋友的信任，决定一试。比赛当天，田忌按照孙膑的策略进行赛马。结果出人意料，田忌竟然以两胜一负的成绩战胜了齐威王。这一胜利让田忌欣喜若狂，也让他对孙膑的智慧和策略深感佩服。他意识到，在战争中，智慧和策略同样重要，甚至能够改变战局。

智慧是战胜困难的关键，在跑马比赛中，田忌的马匹整体实力逊于齐威王，但他通过孙膑的智慧策略，巧妙地改变了马匹比赛的顺序，最终取得了胜利。如果田忌不管结果如何，也不管对方的情况如何，贸然前去挑战，自己一定会输得落花流水，孙膑的出现，恰好挽救了局面。孙膑在比赛前事先了解了齐威王的马匹情况，达到了"知彼"的目的，又对田忌的马匹进行了观察，达到了"知己"的目的，通过对两者进行比较分析，孙膑轻松就找到了战胜齐威王的方法。这个故事说明：无论对手实力多强都不要害怕，事先打探对手的情况，并且根据己方的条件设计合理的战略，就能够取得想要的成果。

东汉时期，班超作为西域都护，负责维护汉朝在西域的统治。当时，莎车国是西域的一个大国，其国王联合西域的其他小国，试图反抗汉朝的统治。班超在得知这一消息后，决定采取"知己知彼"的策略来应对。班超先派出使者前往莎车国，与莎车国国王进行交涉。通过交涉，班超了解了莎车国的内部矛盾、军队的虚实，以及国王的性格特点。同时，他也向莎车国国王展示了汉朝的强大和决心，让莎车国国王意识到反抗汉朝的严重后果。在了解了莎车国的情况后，班超制订了详细的作战计划。他利用莎车国内部的矛盾，分化瓦解了莎车国国王的联盟。然后，他派出精锐部队，采取突然袭击的方式，迅速占领了莎车国的要害之地。在战斗中，班超充分利用了汉朝军队的优势，以少胜多，成功击败了莎车国的军队。最终，莎车国国王在无法抵抗汉朝军队的情况下，被迫投降。班超通过"知己知彼"的策略，成功地平息了莎车国的反抗，维护了汉朝在西域的统治。

打探敌情是古代常用的一种计策，在战场上，将军们常派侦察兵去敌方阵营打探敌情；在政治上，帝王常会派出使者前往其他国家探听其他国家的发展动向。班超就是好好利用了这一项计策，才顺利瓦解了莎车国的势力，让己方在实力不如对方的情况下也获得了胜利。

所以，知己知彼是一个能够让弱者以弱胜强的法宝，如果自己的实力本就不如对手，在这种情况下仍然不去提前了解对手的情况，别说胜利，能保全自身都难。要想知己知彼，我们就要不断磨砺自己的心性，学会扛得住压力，在面对实力强劲的对手时也要稳住内心、不慌不忙，只有保持冷静沉着，我们才能看清自己和对手的状况，达到知己知彼的目的。

　　值得注意的是，知己知彼只是达到目标的一个步骤，我们最终的目的是针对双方的情况制订合理的战略规划。在学会知己知彼后，我们还要学会针对双方的情况进行合理的分析，这不仅需要我们拥有清醒的头脑，还要求我们具有预见性，能够灵活变通，根据当前的局势预见到未来的事态发展。此外，还需要我们拥有永不言败的精神，只有不怕敌人，不怕困难，我们才不会轻易被强势的环境和敌人所掌控。

2. 韬光养晦，厚积薄发，万全准备

　　韬光养晦，顾名思义，就是在平静中积蓄力量，不被外界的繁华和喧嚣所干扰。这种精神品质，如同古人所说的"大智若愚，大巧若拙"，它要求我们在面对诱惑和困难时，能够保持一颗平静的心，不被表面的现象所迷惑。在这个快节奏的社会里，我们时常被各种信息所包围，容易迷失自我。因此，韬光养晦显得尤为重要。我们要学会在纷繁复杂的信息中筛选出对自己有益的内容，专注于自我成长和提升，不为外界的浮华所动摇。

　　韬光养晦并不是消极避世，而是为了更好地厚积薄发。厚积薄发，就是在积蓄了足够的力量之后，以惊人的速度和力量向前迈进。这种力量，源自我们在韬光养晦时期所积累的智慧、经验及物质基础。当我们遇到困难和挑战时，这些积累将成为我们最坚实的后盾，帮助我们战胜一切困难。

韬光养晦，厚积薄发，意味着我们要有自知之明，明确自己的长处和短处，不断地在前进的过程中进行反思和修正。在这个过程中，我们需要学会倾听他人的意见和建议，从中汲取智慧和力量。同时，我们也要保持一颗谦虚的心，不骄傲自满，不断地学习和进步。只有这样，我们才能在平静中积蓄力量，为未来的成功打下坚实的基础。

左思是西晋时期的文学家，他的父亲曾对他有所贬低，认为他不如自己小时候。这深深刺激了左思，他决心通过刻苦学习来改变自己的命运。他开始大量阅读前人的名作，从中获取灵感，并立志要创作出一篇能与前人作品媲美的文章。左思选择了三国时期的历史作为题材，准备创作一篇名为《三都赋》的赋文。为了这篇赋文，他做了大量的前期准备，深入钻研三国历史，力求将各个都城的繁华景象都描绘得淋漓尽致。他闭门谢客，专心致志地构思和创作，甚至在院子里和厕所里都挂着纸片，摆设着文具，以便随时记录脑中的灵感。经过长时间的积累和准备，左思终于完成了《三都赋》。这篇赋文以深厚的文学功底和独特的艺术风格，震惊了当时的文坛。人们纷纷传诵这篇赋文，对左思的才华赞不绝口。左思也凭借这篇赋文，成功地改变了自己的命运，成了西晋时期著名的文学家。

左思在受到父亲的贬低后，并没有选择放弃或气馁，而是选择了"厚积"，通过大量阅读前人的名作、深入钻研三国历史等方式来充实自己，提高自己的文学素养，最终，《三都赋》问世，震惊了当时的文坛，人们纷纷传诵这篇赋文，对左思的才华赞不绝口。这篇文章之所以能够获得如此高的赞誉，就是因为左思在不断地"厚积"，这份世人的赞誉是左思用长时间努力和积累换来的结果。在这则故事中，左思战胜的并非任何一个强劲的文坛对手，而是那些曾经反对他、质疑他的声音，他就是靠着厚积薄发，才从一个弱者变成了能够压制这些声音的强者，最终打败了这些曾经的困难。

晚清大臣曾国藩，出身于清贫农家，他的父亲虽非饱学之士，却深知知识能改变命运的道理，将教育视为家族崛起的希望，亲自创办私塾，培育子女。他告诫曾国藩："读书非一日之功，须有恒心与毅力，方能成就大事。"曾国藩铭记父亲的教诲，自幼便展现出非凡的勤奋与刻苦。他深知家境贫寒，更明白只有通过自身的努力，方能不负家人的期望。然而，科举之路并非坦途，曾国藩屡战屡败，七次应试才得中秀才。但他并未因此气馁，反而更加坚定了自己的信念，更加努力地钻研学问。除了学业上的精进，曾国藩还注重自身的修养。他深知，一个人的成就不仅在于学识，更在于品德。因此，他严于律己，修身养性，力求做到内外兼修。这种品质在他日后的军事和政治生涯中得到了充分的体现。在军事领域，曾国藩展现出了非凡的才华。他深入研究兵法，结合实战经验，总结出了一套独特的军事理论。他领导的湘军，因纪律严明、战斗力强而闻名。这一时期，曾国藩不仅展现了卓越的军事才能，更展现了高超的政治智慧。

曾国藩虽出身贫寒，却凭借坚定的信念和不懈的努力，最终成为一代名臣。他的故事告诉我们，无论起点如何，只要保持恒心和毅力，不断学习和积累，厚积薄发，终能成就一番事业。"厚积薄发"的思想不仅帮他摆脱了贫苦的命运，还帮助他实现了人生的价值，完成了人生的逆袭。

在现代社会中，很多人都注重快节奏，在日复一日的生活中时常忘记停下脚步来积累自己的能量，导致一年一年过去，总觉得什么都做了，又什么都没做。但我们要知道，成功并非一蹴而就的，它需要我们长期的坚持和努力。有时候，我们也要学会享受慢节奏的生活，停下脚步，丰富自己的阅历，提升自己的技能。只有这样，才能在机会到来时抓住机会，取得成功。

古往今来，历史上的大多数伟人都具备韬光养晦、厚积薄发的精神品质。他们在平静中积蓄力量，不被外界所干扰；在困难中坚守信念，不断地挑战自我。最终，他们在适当的时候展现出了惊人的力量和智慧，成了时代的楷模和典范。这启示我们：在追求目标的过程中，要保持冷静与理性，注重内在修养与知识积累，同时做好充分的规划与准备。只有这样，我们才能收获属于自己的辉煌成就。

3. 拓宽人脉，广泛交友，扩充援军

　　在人生的旅途中，我们常常会面临各种挑战和机遇。而在这个复杂多变的世界里，人脉的力量往往超乎我们的想象。通过拓宽人脉，广泛交友，我们不仅能够获得更多的信息和资源，还能在关键时刻得到宝贵的援助，助力我们走向成功。一个人的成功往往不仅取决于其个人能力，更在于其所能动用的资源和人脉。一个拥有广泛人脉的人，往往能够在关键时刻得到他人的帮助和支持，从而更容易实现自己的目标。

　　人脉有时候也是一把制胜的钥匙，在关键时刻，如果仅凭自己的力量无法战胜困难，我们就要学会依靠自己身边的人脉。比起孤军奋战，千军万马更容易获得胜利；比起个人拼搏，团队协作才能够事半功倍。因此，在人生的道路上，我们要学会珍惜和维护自己的人脉关系，通过与不同领域、不同背景的人建立联系和交流，我们可以为自己积累宝贵的人脉资源。当面临困难和挑战时，这些人脉资源就会成为我们最坚实的后盾，帮助我们战胜困难、实现目标。

此外，拓宽人脉还能够促进个人的成长与提升。在与不同领域、不同背景的人交流时，我们能够学习到他们的知识和经验，从而不断丰富自己的知识体系和人生阅历。同时，通过与优秀的人建立联系和交流，我们还能够不断激发自己的潜能和动力，不断提升自己的能力和素质。这种成长与提升不仅能够帮助我们在职场上取得更好的成绩，还能够让我们在生活中更加充实和满足。

东汉末年，天下大乱，刘备作为汉室宗亲，一心想要匡扶汉室，但苦于势单力薄，缺乏谋士辅佐。他听闻襄阳隆中有一位名叫诸葛亮的青年才俊，才识过人，谋略非凡，于是决定亲自前往拜访，希望能得到他的辅佐。刘备第一次前往隆中拜访诸葛亮时，恰好诸葛亮外出，未能相见。刘备没有气馁，而是留下书信，表达了自己对诸葛亮的仰慕和渴望得到他辅佐的诚意。数日后，刘备再次前往隆中，但这次诸葛亮又外出闲游去了。刘备只好留下一名随从，再次表达了自己的诚意，并请求诸葛亮在归来后能够与他相见。经过一段时间的等待，刘备第三次前往隆中，这次他终于见到了诸葛亮。刘备虚心向诸葛亮请教天下大事，诸葛亮则为他细致分析了当时的局势，并提出了著名的"隆中对"战略，建议刘备先稳固荆州，再图取益州，与魏、吴形成三足鼎立之势，进而谋取中原。刘备听后，对诸葛亮的智慧与远见深感敬佩，于是恳切邀请他出山相助。诸葛亮被刘备的诚意所打动，最终决定出山辅佐刘备。他的加入为刘备的事业注入了新的活力，也为刘备后来的崛起和成功奠定了坚实的基础。通过拓宽人脉和结交贤才，刘备获得了重要的援军，最终实现了自己的抱负。

无论身处何种困境，持之以恒的追求与真诚的态度总能赢得转机。刘备作为汉室宗亲，在乱世之中立志复兴汉室，他的成功离不开对贤才的渴望和追求。通过三次拜访诸葛亮，刘备展现出了坚定的决心和无比的诚意，最终赢得了诸葛亮的辅佐。这个故事告诉我们：在追求目标时，我们应该重视人脉的价值，懂得借助他人的力量来实现自己的梦想。只有这样，我们才能在人生的道路上不断前进，最终实现自己的抱负。

春秋时期，齐桓公作为一代明君，他意识到，仅凭管仲一人之力难以支撑国家的长远发展，因此决定广纳天下英才，共同治理国家。为了彰显对人才的渴求与尊重，齐桓公下令在宫廷外燃起火炬，不分昼夜，光芒照耀四方，以此昭示齐国求贤若渴的决心。然而，尽管火炬燃烧了一整年，真正前来应召的贤才却寥寥无几。

一日，一名普通乡下人前来求见齐桓公，自称擅长背诵算术口诀。面对如此简单的"才能"，齐桓公并未立即展现出过多的热情。然而，这位乡下人却言辞恳切地表示，他并非为了炫耀自己的才能而来，而是想借此机会向世人证明齐桓公对人才的渴求与尊重。他解释说："大王您广纳贤才的诚意已经传遍了天下，各地英才都敬重大王您的英明神武。但他们或许因为自卑，担心自己的才能不足以与大王的期望相匹配，故而犹豫不前。我今天前来，正是希望用我这微不足道的才能，为天下贤才增添一份信心。"齐桓公听后深受触动，他意识到自己在招揽人才方面仍有不足之处。于是，他决定进一步完善自己的政策，以更加开放、包容的态度去吸引更多的英才加入。在齐桓公的努力下，齐国逐渐会聚了一批才华横溢的贤才，共同为国家的繁荣富强贡献力量。

齐桓公虽贵为君王，却深知仅凭一人之力难以治理国家，因此他广纳贤才，以开放和包容的态度欢迎各类人才。然而，即使他展现出了极大的诚意，最初却鲜有人才响应。这提醒我们，在吸引人才时，需要真心实意地展现对人才的尊重与渴求，而非仅仅停留在表面。那位乡下人的出现，更是点醒了齐桓公，让他意识到自己在招揽人才方面的不足，并促使他进一步完善政策，以更加开放和包容的态度去吸引更多英才。这告诉我们，在面对困难和挑战时，我们需要不断反思和改进，以更加成熟和睿智的态度去解决问题。

"拓宽人脉，广泛交友"是我们走向成功的重要策略之一。通过积极参与社交活动、拓展职业网络、利用社交媒体等途径，我们可以结交到来自不同领域、不同背景的人，建立起广泛的人脉网络。同时，在交友过程中，我们要真诚待人、善于倾听、懂得感恩，以建立起长久稳固的友谊。通过人脉的力量和援军的支持，我们才能够在人生的道路上走得更远、更稳、更精彩。

4. 避其锋芒，进攻对手薄弱之处

　　自古以来，那些在历史长河中留下辉煌足迹的智者，无一不是深谋远虑之人。他们深知，真正的胜利，不在于力量的直接碰撞，而在于策略的巧妙运用。在安逸之时，他们不动声色地布局，耐心等待那决定性的一击；在危机四伏之际，他们非但不惧，反而更加冷静，选择避其锋芒，寻找对手的破绽。正是这份对时机的精准把握和对策略的深刻理解，让他们能够在逆境中崛起，以弱胜强。

　　避其锋芒，攻其不备，是对时机把握与个人心理素质的双重考验。它要求我们不和对手硬碰硬，而是在对手最为松懈、防备最弱之时果断出击，给予其致命一击。这不仅需要敏锐的洞察力，更需要果断的执行力。唯有如此，我们才能在瞬息万变的局势中，捕捉战机，实现逆转乾坤的壮举。

在对手气势正盛、咄咄逼人之时，我们应该学会退让，寻找对手的软肋，等待最佳的反击时机。这种策略看似消极，实则充满了智慧与勇气。能在压力之下保持冷静，在困境之中寻找生机，便能以最小的代价换取最大的胜利。

公元23年，王莽的新朝政权已经风雨飘摇，绿林军等起义军势力日益壮大。为了镇压绿林军，王莽派遣了由王邑、王寻率领的四十余万大军围攻昆阳。

面对王莽派遣的大军，刘秀深知硬碰硬绝非上策。他首先分析了敌我双方的实力对比，明确了敌强我弱的局面，他没有主动与敌人进行大规模的正面交锋，而是寻找机会，以智取胜。

刘秀利用夜色和地形的掩护，将兵力分散隐蔽，营造出兵力雄厚的假象。这种灵活机动的战术成功分散了敌人的注意力，使其无法集中兵力进行有效进攻。在一个合适的时机，刘秀亲率精锐部队，对敌人的薄弱环节精准打击。城内的绿林军也积极响应，与城外的部队形成了里应外合的态势，使刘秀的军队占据了主动。激战过后，绿林军成功击溃了王莽大军，取得了辉煌的胜利。

此战役史称"昆阳之战"。昆阳之战的胜利极大地鼓舞了起义军的士气，为刘秀日后成为东汉的开国皇帝奠定了坚实的基础。

在现实生活中，我们同样可以运用这一智慧。在面对强大的对手或挑战时，不盲目硬拼或逃避现实，而是仔细观察分析，寻找对方的弱点和漏洞，同时保持谦逊和低调，避免直接冲突，造成不必要的损失。通过策略性的退让，化解矛盾、赢得尊重，并在不断地学习中逐渐提升自己的实力和地位，是走向成功的重要一步。

　　唐高祖武德九年（626），天下大乱，李世民作为当时一名杰出的军事家和政治家，权力逐渐加强，赢得了民心，让作为太子的李建成感受到了前所未有的威胁。为了不让李世民夺取天下，李建成与齐王李元吉结党营私，企图借助后宫之力，诬陷李世民，以削弱其势力。

　　当时的局势对于李世民来说岌岌可危，他能够指挥的兵力在东宫和齐王府的势力面前不值一提。于是，他召集了长孙无忌、尉迟恭等忠勇之士共商大计。经过精心筹划，一场针对李建成的政变在玄武门拉开序幕。李世民没有正面与李建成、李元吉拼杀，而是在他们毫无防备地踏入玄武门时，突然率领精锐部队杀出。李世民身先士卒，英勇果敢，亲自射杀了李建成。尉迟恭亦不甘示弱，斩杀了李元吉。在激烈的战斗中，李建成与李元吉的军队迅速崩溃，政变取得了决定性的胜利。政变成功后，唐高祖李渊被迫立李世民为太子。两个月后，他禅位于李世民，退居太上皇之位。李世民即位为帝，即唐太宗，后来开启了唐朝的"贞观之治"。他励精图治，勤政爱民，致力于国家的繁荣和百姓的福祉。在他的领导下，唐朝国力日渐强盛，百姓安居乐业，为唐朝盛世奠定基础。

玄武门之变，是唐朝历史上一个重要的转折点，体现了一代雄主李世民的智慧与勇气。李世民面对来自太子李建成的威胁和打压，没有选择正面抗衡，而是避其锋芒，暗中召集了忠勇之士，精心筹划了一场政变，以迅雷不及掩耳之势精准出击，成功地将李建成和李元吉一网打尽。

面对强大的对手，直接硬碰硬往往不是明智之举。弱势者应当学会避其锋芒，即在敌方最为强势、防备最为严密之时，采取迂回战术，避免正面冲突。当敌方暴露出弱点或疏忽之时，便是发起致命一击的最佳时机。此举不仅能有效削弱敌方实力，更能极大地提振己方士气，为最终胜利奠定坚实基础。

历史教会我们，在资源有限、条件不利的情况下，不应盲目冲锋陷阵，而应通过智慧和策略，精准定位对方的软肋，以最小的代价换取最大的胜利。正如在商业竞争中，企业往往不会直接硬碰硬地与行业巨头正面交锋，而是通过创新技术、优化服务、开拓市场等方式，避开大企业的优势领域，逐渐发展壮大，最终赢得市场份额。

5. 事以密成，保守秘密是生存之道

"事以密成，语以泄败。"这句话不仅适用于古代的政治、军事活动，也适用于现代社会的各个领域。保密工作对于事业的成功至关重要，只有做好保密工作，才能确保自己的利益不受损害，在这个信息爆炸的时代，我们的言行举止都可能成为别人窥探的对象。因此，我们必须时刻注意自己的言行举止，防止泄露机密。

在生活中我们可能会发现，有时候将一件事情告诉别人过后，这件事情就很难完成，但同时我们又在疑惑，明明只是把自己的想法说了出来，为什么这件事情就是完不成？从两个方面可以解释这个问题：一件事情在没有完成时，我们总是对事情的结果抱有很大的期待，事情完成时我们会感到幸福满足，但当我们在告诉别人我们的想法后，这个幸福感就会被提前享受，所以我们就越来越缺乏动力去完成这件事情。此外，我们在告诉别人自己想法的同时，也相当于给自己埋下了风险，因为我们不知道别人会怎么阻挠我们，一旦遭到心怀不轨之人设阻，我们在完成这件事情的路上就会遇到很多困难。

所以，自古以来，保密工作就是国家政治、军事活动中的重要环节。古人在谋事时，往往会将自己置身于事外，什么话都不说，做事也不会让别人发现，因为只有这样才能够保全自己。

在历史的长河中，南唐后主李煜的命运令人叹息。

李煜作为南唐国君，虽文采斐然，却在政治上略显稚嫩。当时，北宋崛起，对南唐虎视眈眈。北宋皇帝赵匡胤心生一计，派使者前往南唐，表面上是为了与南唐修好，共同促进文化交流，实则暗藏祸心。

使者言辞恳切地对李煜说，如今各国纷争不断，为了造福后人，北宋欲收集各国地图，制成天下地理全图。李煜本就心思单纯，又被使者的花言巧语所迷惑，丝毫没有意识到这是国家机密，竟满心欢喜地将南唐的地形图及人口分布图交给了北宋使者。

李煜哪里知道，他的这一决定如同打开了南唐灭亡的大门。北宋得到南唐地图后，如获至宝。山川河流、关隘险阻、人口分布等重要信息一览无余。赵匡胤迅速制订作战计划，派遣大军按照地图所示，直扑南唐的要害之地。

南唐军队面对突如其来的攻击，惊慌失措。他们发现曾经的天险如今已不再是秘密，北宋军队如入无人之境。李煜这才如梦初醒，但为时已晚。南唐在北宋的强大攻势下，顷刻之间土崩瓦解。

李煜的错误决策不仅让自己沦为亡国之君，也让南唐的百姓陷入了无尽的苦难。这个故事告诉我们，不仅要注重谨慎行事，不要将自己的秘密透露给别人，还要注重细节，不要在小事上犯下错误。

徐勉是梁朝时期的杰出官员，其形象在历史长河中留下了深刻的印记。他被描绘为一个极其注重保守秘密的楷模，这一特质在他担任尚书仆射和中卫将军的生涯中尤为显著。"禁省中事，未尝漏泄。每有表奏，辄焚藁草。"意思是，他在任职时不曾发生过任何泄密事件，凡是奏表草稿，都及时销毁。

在梁朝这个纷繁复杂的政治舞台上，徐勉始终将保密工作置于至关重要的地位。他深知，作为朝廷的核心官员，任何一点机密的泄露都可能对朝廷的稳定和国家的安全造成不可挽回的损害。因此，他对待每一份机密文件都如同对待自己的眼睛一般，小心翼翼，严加保护。

每当有重要的表奏需要起草时，徐勉总是亲自执笔，他深知这些文字背后所承载的沉甸甸的责任。他不仅要确保表奏的内容准确无误，更要确保在完成之后，所有的草稿都能得到妥善的处理，以免留下任何可能泄露机密的痕迹。这种谨慎和细致，使得他在处理机密文件时从未出过差错，赢得了朝廷上下的高度赞誉。在徐勉看来，保密工作不仅是一种职责和义务，更是对朝廷和国家的忠诚，只有保守好机密，才能确保朝廷的稳定和国家的安全。

徐勉在职时不曾发生任何泄密事件，可见古人也十分重视保守秘密。正是因为有了像徐勉这样的官员，才使得梁朝能够在动荡不安的政治环境中保持相对的稳定和繁荣。徐勉的故事告诉我们，保守秘密不仅是每个人的职责和义务，更是对国家和民族的忠诚。我们应该时刻保持警惕，严格遵守保密规定，确保我们的信息和机密不被泄露。

这两则故事告诉我们：在筹划与行动的过程中，守护个人的秘密，无疑是通往成功不可或缺的基石。然而人类的情感极其丰富，容易被情绪控制，在社交的欢愉氛围中，我们往往不自觉地放松警惕，不经意间泄露了内心的想法。殊不知，这样的无心之失，却可能正中某些别有用心者的下怀，成为他们利用或操控的工具。

古人讲："知人知面不知心。"并非所有人都能以诚相待，有些人擅长利用他人的信任与不设防，将得到的秘密作为获取自身利益的筹码，甚至可能给我们带来不可预知的伤害。所以我们应当学会筛选信息，对于那些可能触及核心利益或敏感隐私的话题，需保持清醒的认知与谨慎的态度。